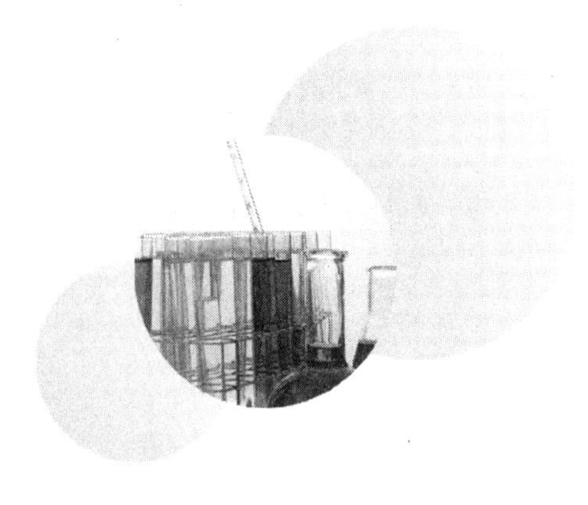

应用化学专业实验

YINGYONG HUAXUE ZHUANYE SHIYAN

主 编◎王 玲

南京大学出版社

内容简介

本实验教程共包括27个实验，分为四章：第一章为金属腐蚀实验，包括失重法测量金属的腐蚀速率、简单腐蚀模型实验等；第二章为电化学测试技术实验，包括线性伏安曲线、交流阻抗等；第三章为电镀工艺实验，包括单金属电镀、化学镀、阳极氧化等；第四章为涂料与涂膜质量检测实验，以国家标准为依据，包括涂料性能检测和涂膜物理化学性能检测等。实验内容具有很强的应用性，学生可通过实验达到理论联系实际的目的，同时培养学生进行创造性学习，提高学生的实验技能及分析问题和解决问题的能力。

本书可作为高等院校材料和化学化工专业学生的实验教材，也可供从事电镀生产、科研、设计的过程技术人员参考。

图书在版编目(CIP)数据

应用化学专业实验 / 王玲主编. 一南京：南京大学出版社，2019.1

ISBN 978-7-305-21595-7

Ⅰ. ①应… Ⅱ. ①王… Ⅲ. ①应用化学一化学实验一高等学校一教材 Ⅳ. ①O69-33

中国版本图书馆CIP数据核字(2019)第013517号

出版发行 南京大学出版社
社 址 南京市汉口路22号 邮 编 210093
出 版 人 金鑫荣

书 名 应用化学专业实验
主 编 王 玲
责任编辑 甄海龙 蔡文彬 编辑热线 025-83592146

照 排 南京理工大学资产经营有限公司
印 刷 丹阳市兴华印刷厂
开 本 787×960 1/16 印张7.5 字数140千
版 次 2019年1月第1版 2019年1月第1次印刷
ISBN 978-7-305-21595-7
定 价 26.00元

网 址：http://www.njupco.com
官方微博：http://weibo.com/njupco
官方微信号：njupress
销售咨询热线：(025)83594756

序　言

《应用化学专业实验》为应用化学专业及材料表面工程等相关学科的必修课实验教材。

本实验内容包括了《金属腐蚀与防护》、《电镀理论与工艺》、《涂料涂装工艺》、《电化学测试技术》、《表面工程实验》等主干课程中的实验教学内容，要求学生在实验过程中结合所学的理论知识，观察、分析实验过程中所出现的现象，培养学生理论联系实际的能力。

本实验是在完成基础化学实验，掌握了基础化学实验基本原理和基本操作的基础上，结合专业方向的特点，以提高学生综合运用所学知识和技能，解决相关专业复杂问题的能力。通过本实验课程的训练，初步培养学生从事实验研究的能力，即对实验现象有较敏锐的观察能力，运用各种实验手段正确获取实验数据的能力，分析和归纳实验数据的能力，由实验数据和实验现象实事求是的得出结论并提出自已见解的能力。让学生初步掌握一些有关化工、应用化学专业的实验研究方法和实验技术，力求在实验中接触一些新的测试技术和手段，以便能适应不断发展的科学技术。培养学生运用所学的理论，分析和解决实际问题的能力，在理论与实践结合的过程中，巩固和加深对所学理论课程的理解，并结合本地资源优势，培养学生开发和利用本地资源的实际工作能力。

编者结合多年来的教学、科研及实践经验，在保证基本理论的系统性和完整性的基础上，着重加强学生对基本理论的理解和贯通，培养学生的实验操作技能。本实验共分四个部分 27 个实验：第一章（实验一～三）金属腐蚀实验，包括失重法测量金属的腐蚀速率、简单腐蚀模型实验等；第二章（实验四～九）电化学测试技术实验，包括线性伏安曲线、交流阻抗等；第三章（实验十～十八）电镀工艺实验，包括单金属电镀、化学镀、阳极氧化等；第四章（实验十九～二十七）涂料与涂膜质量检测实验，以国家标准为基础，包括涂料性能检测与涂膜物理化学性能检测等。每个实验均明确实验目的，详细介绍实

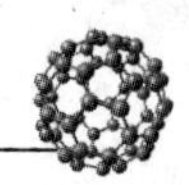

验原理、实验设备及材料，列出实验步骤并强调相关注意事项，并且列出了与实验内容相关的思考题。大部分实验内容具有很强的应用性，学生可通过实验达到理论联系实际的目的，同时培养学生进行创造性学习，提高学生的实验技能及分析问题和解决问题的能力。

由于编者水平有限，编写时间仓促，书中不足及疏漏之处在所难免，敬请广大读者批评指正。

实验课程介绍

一、开设应用化学专业实验目的

应用化学专业实验是为应用化学专业应用电化学方向开设的综合性实验，是以电化学基础、电镀理论与工艺、金属腐蚀与防护、涂料涂装工艺课程为基础而开设的专业实验课程，是巩固和补充课堂讲授的理论知识的必要环节。学生通过完成实验，初步学会从事电化学科学研究的一般方法，具有较强的电化学仪器的基本操作技能、收集和处理信息能力、观察能力、实验能力、思维能力和解决实际问题的能力，养成实事求是的科学态度，初步具有勇于探索、不断创新的精神和合作精神，具有利用课本以外的图文资料和其他信息资源进行进一步收集和处理应用电化学测试及电镀、涂装工艺科学信息能力，使学生初步形成思维的独特性、新颖性等创造性思维品质和创新思维习惯，能运用所学到的电化学知识进行评价和解决某些实际问题。同时，使学生能受到一次较全面的、严格的、系统的科研训练，了解电化学研究的一般方法，亲身体验科学研究的艰苦性和长期性，培养出热爱科学的情感。另一方面，研究型实验可以使学生尽早接触科学研究工作，使他们的创新意识、创新精神和创新能力在实践中得到培养与提高。

应用化学专业实验的主要目的是通过实验教学，验证所学原理，巩固和加深对应用电化学原理与工艺的理解；了解和掌握电化学测试技术的基本方法，电镀工艺及检测手段，涂料与涂装质量检测等表面工程方面的技能，从而能够根据所学原理设计实验，正确选择和使用仪器，锻炼学生观察现象、正确记录数据、处理数据、分析实验结果的能力；培养学生严格认真、实事求是的科学态度和作风，锻炼学生对电化学知识灵活运用的能力。

二、实验要求和成绩评定

应用化学专业实验本着全面提高和培养学生应用化学专业综合实验能力的宗旨而开设的课程，它不局限于对理论知识的验证，而是从基础知识、基本训练到设计性实验、综合实验和研究性实验，循序渐进地引导学生从掌握最基本的电化学实验技术到熟练进行综合设计，全面提高学生的独立工作能力。

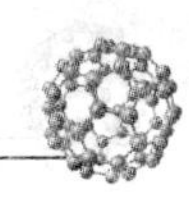

要做好应用化学专业实验，应做到以下几点：

(1) 实验前认真预习，明确本次实验的目的和要求，阅读实验教材及其他参考资料中的有关内容，理解实验的基本原理，了解实验步骤和注意事项，做到心中有数。并根据实验内容，写好预习报告，设计好数据记录表格，查好相关数据，以便能够及时准确地记录好实验现象和有关数据。

(2) 严格按照操作规范进行实验。认真学习实验中涉及的各类仪器的性能、使用方法、操作技巧等相关知识。在实验中遇到困难和偶尔遇到故障时，不要慌乱，要设法弄清原因并及时排除。如实验失败，要检查原因，经指导教师同意，重做实验。

(3) 尊重事实，准确记录。做好实验记录是实验中的一个基本要求。实验记录要忠实地反映观察到的事实，如实记录实验中的重要操作、发生的现象和实验数据等。

(4) 认真填写实验报告。在报告中对实验现象进行合理分析，弄清实验现象发生的原因，加以解释并得出结论。整理实验数据，根据实验数据进行计算，完成实验报告。

(5) 实验成绩评定。应用化学专业实验的考核分为两个部分：平时单元实验的累积记分和综合考核成绩。平时单个实验累积记分要求对开出的每个实验都制定出具体的评分标准，包括实验预习、实验基本操作、实验结果、实验报告等。每次实验前，学生应写出预习报告，包括实验目的、原理、实验步骤，并列好有关记录表格，还应预习相关仪器的使用方法和操作技巧。由实验指导教师根据相应评分标准对预习报告、实验基本操作、实验结果以及课后提交实验报告等几部分进行综合即为此单个元实验的累积记分。课程结束后对实验教学情况进行全面考核，可采用笔试的方式进行。

三、实验安全规则

(1) 必须坚持安全第一、预防为主的原则。学生进实验室前都应熟悉“化学实验室安全制度”和其他有关安全的规章制度，掌握消防安全知识、化学危险品安全知识和化学实验的安全操作知识。实验指导教师有责任进行实验前的安全教育和指导，并要求学生遵守实验室的安全制度。

(2) 进行实验（尤其具有危险性的新实验）的人员都必须事先制定缜密的操作规程并严格遵守，应熟悉所用试剂及反应产物的性质，对实验中可能出现的异常情况应有足够的防备措施（如防爆、防火、防溅等）；进行危险性实验（如剧毒、易燃、易爆的实验）时，房间内不应少于 2 人；进行危险性实验操作时必须佩戴防

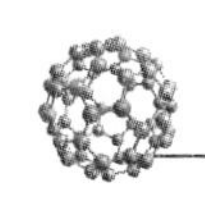

护器具。

(3) 加强个人防护意识,凡有害或有刺激性易挥发气体应在通风柜内进行。腐蚀和刺激性药品,如强酸、碱、冰醋酸等,取用时尽可能带上橡皮手套和防护眼镜,倾倒时,切勿直对容器口俯视,吸取时,应使用吸耳球。禁用裸手直接拿取上述物品。不使用无标签(或标志)容器盛放的试剂、试样。

(4) 实验室内严禁吸烟。管理好实验室的化学试剂,贵重金属、贵重物品、贵重试剂及剧毒试剂应有专人负责保管。严禁往下水口、垃圾桶内倾倒有机溶剂及有毒、有害废物。

(5) 氢气瓶、乙炔瓶等危险钢瓶必须放在室外指定地点(钢瓶间或阳台),放在室内的钢瓶须用铁链或其他方式进行固定,应经常检查是否漏气,严格遵守使用钢瓶的操作规程。

(6) 熟悉室内的天然气、水、电的总开关所在位置及使用方法。遇有事故或停水、停电、停气,或用完水、电、气时,使用者必须当时关好相应的开关。

(7) 不得使用运行状态不正常(待修)的仪器设备进行实验。不得超负荷使用电源和器件(配电箱、插座、插销板、电源线等),不得使用老化或裸露的电线(连接临时电线时,应使用护套线),不得擅自改接电源线,不得遮挡实验室的电闸箱、天然气阀门及给水阀门。

(8) 熟悉有关灭火器具(如灭火器、石棉布等)的存放位置及使用方法。灭火器使用后,使用者应及时报告院安全员,并不可放回原处。

(9) 最后离开实验室的人员,有责任检查水、电、气及窗户是否关好,锁好门再离开。

(10) 实验室发生安全事故时应立即报告院办公室或门卫值班室,并尽快写出事故报告。视事故性质及损失情况将对事故责任者分别予以批评、通报、罚款、行政处分直至依法追究责任。

目　录

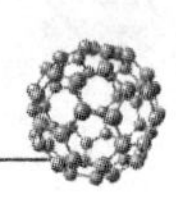

第一章　金属腐蚀实验

实验一　极化曲线测量金属的腐蚀速度

一、实验目的

1. 掌握恒电位法测定电极极化曲线的原理和实验技术。

2. 通过测定 Fe 在 NaCl 溶液中的极化曲线，求算 Fe 的自腐蚀电位、自腐蚀电流。

3. 讨论极化曲线在金属腐蚀与防护中的应用。

二、实验原理

当金属浸于腐蚀介质时，如果金属的势电极电势低于介质中去极化剂（如 H^+ 或氧分子）的平衡电极电势，则金属和介质构成一个腐蚀体系，称为共轭体系。此时，金属发生阳极溶解，去极化剂发生还原。以金属锌在盐酸体系中为例：

阳极反应：　　$Zn - 2e = Zn^{2+}$

阴极反应：　　$H^+ + 2e = H_2$

阳极反应的电流密度以 i_a 表示，阴极反应的速度以 i_k 表示，当体系达到稳定时，即金属处于自腐蚀状态时，$i_a = i_k = i_{corr}$（i_{corr} 为腐蚀电流），体系不会有净的电流积累，体系处于一稳定电位 φ_c。根据法拉第定律，体系通过的电流和电极上发生反应的物质的量存在严格的一一对应关系，故阴阳极反应的电流密度可代表阴阳极反应的腐蚀速度。金属自腐蚀状态的腐蚀电流密度即代表了金属的腐蚀速度。因此求得金属腐蚀电流即代表了金属的腐蚀速度。金属处于自腐蚀状态时，外测电流为零。

极化电位与极化电流或极化电流密度之间的关系曲线称为极化曲线。极化

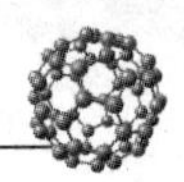

曲线在金属腐蚀研究中有重要的意义。测量腐蚀体系的阴阳极极化曲线可以揭示腐蚀的控制因素及缓蚀剂的作用机理。

在活化极化控制下，金属腐蚀速度的一般方程式为：

$$I = i_a - i_k - i_{corr}\left[\exp\left(\frac{\varphi - \varphi_c}{\beta_a}\right) - \exp\left(\frac{\varphi_c - \varphi}{\beta_k}\right)\right]$$

其中 I 为外测电流密度，i_a 为金属阳极溶解的速度，i_k 为去极化剂还原的速度，β_a、β_k 分别为金属阳极溶解的自然对数塔菲尔斜率和去极化剂还原的自然对数塔菲尔斜率。若以十为底的对数，则表示为 b_a、b_k。

这就是腐蚀金属电极的极化曲线方程式，令 $\Delta E = \varphi - \varphi_c$　ΔE 称为腐蚀金属电极的极化值，$\Delta E = 0$ 时，$I = 0$；$\Delta E > 0$ 时，是阳极极化，$I > 0$，体系通过阳极电流。$\Delta E < 0$ 时，$I < 0$，体系通过的是阴极电流，此时是对腐蚀金属电极进行阴极极化。因此外测电流密度也称为极化电流密度

$$I = i_{corr}\left[\exp\left(\frac{\Delta E}{\beta_a}\right) - \exp\left(\frac{\Delta E}{\beta_k}\right)\right]$$

测定腐蚀速度的塔菲尔直线外推法

当对电极进行阳极极化，在强极化区，阴极分支电流 $i_k = 0$

$$I = i_a = i_{corr}\exp\left(\frac{\Delta E}{\beta_a}\right)$$

改写为对数形式：

$$\Delta E = \beta_a \ln\frac{I}{i_{corr}} = b_a \lg\frac{I}{i_{corr}}$$

当对电极进行阴极极化，$\Delta E<0$，在强极化区，阳极分支电流 $i_a=0$

$$I = - i_{corr}\exp\left(\frac{-\Delta E}{\beta_k}\right)$$

改写成对数形式：

$$-\Delta E = \beta_k \ln\frac{|I|}{i_{corr}} = b_k \lg\frac{|I|}{i_{corr}}$$

强极化区，极化值与外测电流满足塔菲尔关系式，如果将极化曲线上的塔菲尔区外推到腐蚀电位处，得到的交点坐标就是腐蚀电流。

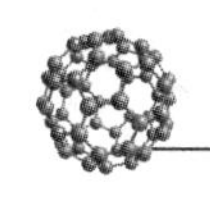

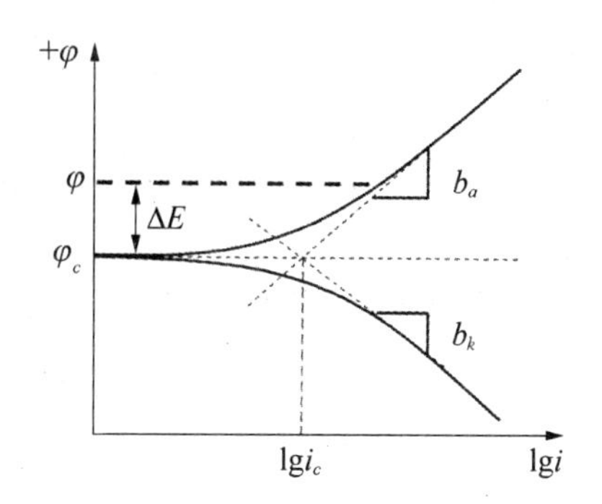

图 1－1　塔菲尔外推法求金属腐蚀电流的基本原理

三、实验仪器和试剂

1. 实验仪器与材料：CHI660D 电化学工作站 1 台；饱和甘汞电极（参比电极）1 支；Pt 片电极（辅助电极）1 支；45 号钢试样；300 mL 烧杯。

2. 实验试剂：氯化钠；硫酸；盐酸；缓蚀剂。

四、实验步骤

1. 电极处理：用金相砂纸将 45 号钢电极表面打磨平整光亮，测量试样的直径，将 45 号钢试样和铜导线连接。

2. 试样清洗：用蒸馏水清洗、酒精擦洗去油，电极处理得好坏对测量结果影响很大。

3. 实验腐蚀介质：3％硫酸、3％氯化钠、3％盐酸、3％盐酸＋0.5％缓蚀剂。

4. 测量极化曲线：

（1）将三电极分别插入电极夹的三个小孔中，使电极进入电解质溶液中。将 CHI 工作站的绿色夹头夹 45 号钢试样电极，红色夹头夹 Pt 片电极，白色夹头夹参比电极。

（2）打开 CHI660D 工作站软件，自检并通过。进入“设置”—“实验技术”（选择 CV）。

（3）测定开路电位。点击“控制”选中对话框中“开路电位”实验技术，点击“▶”开始实验，测得的开路电位即为电极的自腐蚀电势 Ecorr。

（4）测量极化曲线。点击“设置”—“实验技术”选中对话框中“线性扫描伏安法”或“塔菲尔”实验技术，初始电位（Init E）设为比 Ecorr 低“－0.5 V”，终态电位（Final E）设为比 Ecorr 高“1.25 V”，扫描速率（Scan Rate）设为“0.001 V/s”

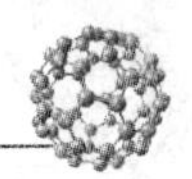

灵敏度(sensivitivty)设为“自动”，其他可用仪器默认值，自动画出极化曲线。

(5) 自腐蚀电流拟合，打开 CHI660D 控制软件，利用自带的软件求得自腐蚀电流密度。

5. 实验完毕，清洗电极、电解池，将仪器恢复原位，桌面擦拭干净。

五、实验数据与计算

将所有测量数据和计算结果填入表中

实验温度： ℃ 实验气压： Pa 工作电极：

	3%硫酸	3%氯化钠	3%盐酸	3%盐酸+0.5%缓蚀剂
自腐蚀电势				
自腐蚀电流密度				

六、实验思考与讨论

1. 平衡电极电位、自腐蚀电位有何不同？
2. 为什么可以用自腐蚀电流 i_{corr} 来代表金属的腐蚀速度？
3. 为什么测阳极极化曲线需要用恒电位法？

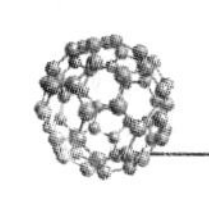

实验二　重量法和容量法测定金属腐蚀速度

一、实验目的

1. 掌握重量法和容量法测定金属腐蚀速度的原理和方法。
2. 用重量法和容量法测定碳钢在稀硫酸中的腐蚀速度。
3. 了解重量法和容量法测试误差的来源。

二、实验原理

金属受到均匀腐蚀时腐蚀速度表示方法一般有两种:一种是用在单位时间内、单位面积上金属损失(或增加)的重量来表示,通常采用的单位是g/(m^2·h);另一种是用单位面积内金属腐蚀的深度来表示,通常采用的单位是毫米/年。

目前测定金属腐蚀速度的方法很多,有重量法、容量法、极化曲线法(即极化阻力法)、电阻法等。重量法是一种较经典的方法,适用于实验室和现场试验,是测定金属腐蚀速度最可靠的方法之一。重量法是其他测定金属腐蚀速度方法的基础。

重量法:根据腐蚀前后金属试件重量的变化来测定金属腐蚀速度的。重量法分为失重法和增重法两种。当金属表面上的腐蚀产物容易除净且不会因为清除腐蚀产物而损坏金属本体时常用失重法;当腐蚀产物牢固地附着在试件表面时则采用增重法。

把金属做成一定形状和大小的试件,放在腐蚀环境中(如化工产品、大气、海水、土壤、试验介质等),经过一定的时间后,取出并测量其重量和尺寸的变化,计算其腐蚀速度。

对于失重法,可由下式计算腐蚀速度:

$$v^{-} = \frac{w_0 - w_1}{s \cdot t} \tag{1}$$

式中　v^{-}——金属的腐蚀速度,g/(m^2·h);

w_0——试件腐蚀前的重量,g;

w_1——腐蚀并经除去腐蚀产物后试件的重量,g;

s——试件暴露在腐蚀环境中的表面积,m^2;

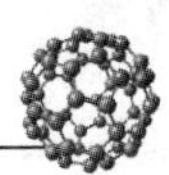

t——试件腐蚀的时间,h。

对于增重法,即当金属表面的腐蚀产物全部附着在上面,或者腐蚀产物脱落下来可以全部被收集起来时,可由下式计算腐蚀速度:

$$v^{+}=\frac{w_2-w_1}{s\cdot t} \tag{2}$$

式中 v^{+}——金属的腐蚀速度,g/(m^2·h);

w_2——带有腐蚀产物的试件的重量,g;

其余符号同(1)式。

对于密度相同的金属,可以用上述方法比较其耐蚀性能。对于密度不同的金属,尽管单位表面积的重量变化相同,其腐蚀深度却不一样。对此,用腐蚀深度表示更为合适。其换算公式如下:

$$V_L=\frac{V^{-}}{\rho}\times\frac{24\times 365}{1\ 000}=8.76\times\frac{V^{-}}{\rho} \tag{3}$$

式中 V_L——用腐蚀深度表示的腐蚀速度,mm/y;

ρ——金属的密度,g/cm^3;

V^{-}——腐蚀的失重指标,g/(m^2·h)。

容量法:对于伴随析氢或吸氧的腐蚀过程,通过测定一定时间内的析氢量或吸氧量来计算金属的腐蚀速度的方法即为容量法。

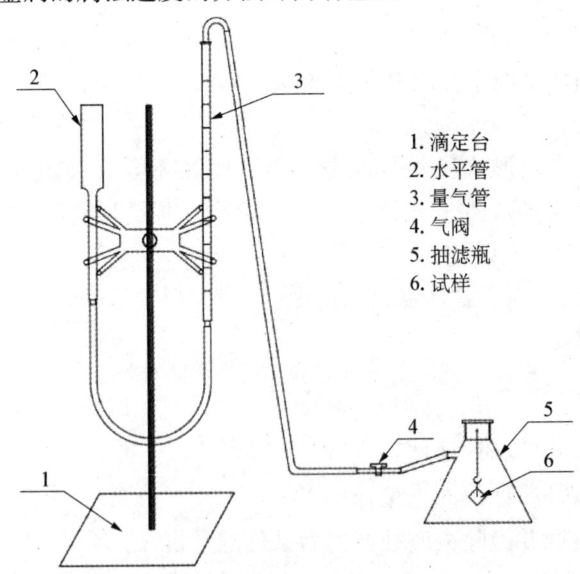

图 2-1 容量法测定金属腐蚀速度装置图

许多金属在酸性溶液中，某些电负性较强的金属在中性甚至于碱性溶液中都会发生氢去极化作用而遭到腐蚀。

其中：　阳极过程　$M \rightarrow M^{n+} + ne$

　　　　阴极过程　$nH^{+} + ne \rightarrow (n/2)H_2 \uparrow$

在阳极上金属不断失去电子而溶解的同时，溶液中的氢离子与阴极上过剩的电子结合而析出氢气。金属溶解的量和析氢的量相当。即有一克当量的金属溶解，就有一克当量的氢析出。由实验测出一定时间内的析氢体积 V_{H_2}(mL)，由气压计读出大气压力 P(毫米汞柱)和用温度计读出室温，并查出该室温下的饱和水蒸气的压力 P_{H_2O}(毫米汞柱)。根据理想气体状态方程式：

$$pV = nRT \tag{4}$$

可以计算出所析出氢气的摩尔数

$$n_{H_2} = \frac{(p - p_{H_2O}) \times V_{H_2}}{RT} \tag{5}$$

为了得到更准确的结果，还应考虑到氢在该实验介质中的溶解量 V_{H_2}'，即由表上查出室温下氢在该介质中的溶解度，(可用氢在水中的溶解量近似计算，并略去氢在量气管的水中的溶解量)乘以该介质的体积(厘米^3)。则金属的腐蚀速度

$$v = \frac{N \times 2n_{H_2}}{S \cdot t} = \frac{2N(p - p_{H_2O})(V_{H_2} + V_{H_2}')}{S \cdot t \cdot R \cdot T} \tag{6}$$

式中　N——金属的氧化还原当量，g；

　　S——金属的暴露面积，m^2；

　　t——金属腐蚀的时间；

　　R——气体状态常数 62.36 mL·mm 汞柱$\times 10^3$/mol·℃。

容量法也可用于伴随吸氧的腐蚀过程，此时阴极反应是

$$O_2 + 2H_2O + 4e \rightarrow 4OH^- \tag{7}$$

测定一定容积中氧气的减少量，计算方法类似于析氢过程。

三、实验仪器和试剂

1. 实验仪器与材料：容量法测定腐蚀速度装置一套；碳钢试件；分析天平(0.000 1 克)；气压计；温度计；电化学去膜装置；滤纸；烧杯；电吹风(或烘箱)；

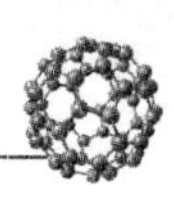

水磨砂纸;镊子;量筒;玻璃棒;脱脂棉。

2. 实验试剂:稀硫酸(5%);盐酸(18%);六次甲基四胺;丙酮;无水乙醇。

四、实验步骤

1. 将试件打磨、测量表面积、清洗和干燥。

2. 在分析天平上称重,精确到 0.1 mg。

3. 在抽滤瓶中注入 5%硫酸水溶液;将试件系于一根约 10 cm 长的尼龙丝线一端,恰使试件悬于试液之上,按图 2-1 塞紧橡皮塞。

4. 检验实验装置的气密性:转动玻璃活塞使之处于打开的状态,把水平管下移一定距离,并保持在一定的位置,若量气管内的水平面稍稍下降后可与水平管中的水平面保持一定的位差,则表示气密性良好。否则应检查漏气的环节,加以解决。

5. 气密性良好之后,旋玻璃活塞至关闭的状态,使系统与大气相通。提高水平管的位置,使量气管的水平面上升到接近顶端读数。旋活门至打开的状态,再使量气管和抽滤瓶相通,调整水准瓶使之与量气管的水平面等高,记下量气管的读数。

6. 将试件悬于试液之中。随着腐蚀反应的发生,氢气逸出,量气管内的水平面下降,将水平管缓缓下移,使两个水平面接近(若每隔一定时间,记下一个读数,即可求出不同时间间隔内的平均腐蚀速度。建议每隔 30 min 记录一次)。浸泡至 2~3 h,最后使两个水平面等高,读下量气管的读数。

7. 取出试件,清洗腐蚀产物。腐蚀产物的清洗原则是应除去试样上所有的腐蚀产物,而只能去掉最小量的基本金属。通常去除腐蚀产物的方法有机械法、化学法及电化学方法脱除腐蚀产物,这一操作叫去膜。

8. 干燥后(可用冷风吹干),称重,去膜,再称重,如此反复几次,直至两次去膜后的重量差不大于 0.5 mg,即视为恒重,记录之。要求学生去膜 1~2 次即可。

为了获得更准确的结果,应该用刚打磨清洗的试件在同一去膜条件下去膜。求得去膜时的空白腐蚀损失,予以校正。

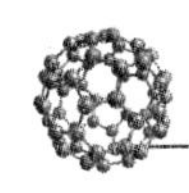

五、实验数据记录

室温：　　℃　　　　大气压：　　Pa　　　　浸入时间：　　　　取出时间：

试件编号					
试件材质					
试件尺寸，cm	直径 D				
	厚度 δ				
	小孔直径 d				
	表面积 S				
介质成分					
	腐蚀前 W_0				
试件重量，g	腐蚀后 W_1	第一次去膜			
		第二次去膜			
重量损失 W_0-W_1					
量气管读数，ml	腐蚀前				
	腐蚀后				
析氢体积，毫升					
腐蚀速度	重量法	V^-，克/米^2·小时			
		V_L，毫米/年			
	容量法	V^-，克/米^2·小时			
		V_L，毫米/年			

六、实验结果处理

在腐蚀试验中，腐蚀介质和试件表面往往存在不均匀性，所得的数据分散性较大，通常要采用2～5个平行试验。本实验采用三个小组的三个平行试验，取其中两组相近数据的平均值计算腐蚀速度。然后计算出两种方法所测得腐蚀速度的百分误差(以重量法为基准)。

七、实验思考与讨论

1. 重量法和容量法测定金属腐蚀速度的优点和缺点及适用范围？

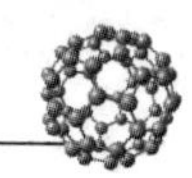

2. 分析重量法与容量法测定金属腐蚀速度的误差来源？

3. 试样浸泡前为什么要经过打磨？

4. 为什么要保证试样表面积与溶液体积之比？

附表：

不同温度下水的饱和蒸汽压（$P(H_2O)$）（Pa）

T(℃)	5	6	7	8	9	10	11	12
$P(H_2O)$	871.97	934.64	1 001.30	1 073.30	1 147.96	1 227.96	1 311.96	1 402.62
T(℃)	13	14	15	16	17	18	19	20
$P(H_2O)$	1 497.28	1 598.61	1 705.27	1 817.27	1 937.27	2 063.93	2 197.26	2 338.59
T(℃)	21	22	23	24	25	26	27	28
$P(H_2O)$	2 486.58	2 646.58	2 809.24	2 983.90	3 167.89	3 361.22	3 565.21	3 779.87

附录：

清除腐蚀产物的方法可以分为：

机械方法：即用毛刷、橡皮、滤纸甚至用砂纸擦，有时还可用喷砂的方法除去。用自来水冲刷。必须避免损伤金属基体。

化学清洗方法：将试样放入 18%HCl（浓盐酸 37%）+ 1%～2%六次甲基四胺（乌洛托品）溶液 10 min（也可根据实验情况确认，如 30～40 s）。

电化学清洗方法：将一直流电源的负极接到待清除腐蚀产物的试件上组成阴极，用一辅助电极（石墨或铅）作阳极，在适当的去膜液中通电，介质中的氢离子在阴极析出氢气，阴极表面原有的腐蚀产物因氢气泡的作用拱起剥落，残留的疏松锈层用机械方法冲刷除净。

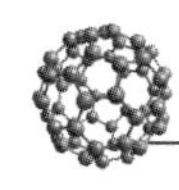

实验三　简单腐蚀模型试验

一、实验目的

1. 利用腐蚀电池模型研究吸氧腐蚀的重要参数如搅拌、充气、pH值等对腐蚀速度的影响。

2. 确定Cu－Zn腐蚀电池模型在中性、酸性溶液中腐蚀速度的控制因素。

二、实验原理

本实验采用Cu－Zn腐蚀电池模型作为研究对象。当线路接通后，Cu、Zn两电极在溶液中发生电极反应，由于Zn电极电势较低（负），Cu电极电势较高（正），在两个电极上分别进行以下的电极反应：

Zn电极作为阳极，发生氧化反应：$Zn - 2e \rightarrow Zn^{2+}$

Cu电极作为阴极，发生还原反应：$O_2 + 2H_2O + 4e \rightarrow 4OH^-$（中性）

$O_2 + 4H^+ + 4e \rightarrow 2H_2O$（酸性）

在溶液中，Zn电极不断发生氧化反应，Cu电极不断发生还原反应，电子从Zn电极不断向Cu电极迁移，电流由Cu电极流向Zn电极，电荷的传递依靠溶液中的阴、阳离子的迁移来完成的。这样整个电池形成一个电流回路。通过测量电阻R上的电压降，可以得到腐蚀速率的大小。在腐蚀电池模型研究吸氧腐蚀中，某些参数对腐蚀速度有重要的影响，如搅拌、充气、pH等。溶液搅拌或流速增加，会使扩散层有效厚度δ减小，由$i_{corr} = i_L = nFDCo/\delta$知，$i_L$增大，$i_{corr}$增大，因此溶液搅拌会加速腐蚀。对电极充气，会使溶液中及电极附近溶解氧的浓度增大，氧的极限扩散电流密度增加，O_2是一种典型的阴极去极化剂，O_2含量增大会加速腐蚀，H^+也是一种的阴极去极化剂，所以充气和加盐酸都会使腐蚀速率增大。

三、实验仪器、试剂与装置

1. 实验仪器与材料：磁力搅拌器、电压表、增氧装置、纯铜片、纯锌片、烧杯（1升）；细砂纸；

2. 实验试剂：3%NaCl、1 mol/L HCl、无水乙醇、广泛pH试纸；

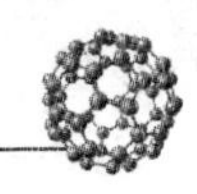

3. 腐蚀电池试验装置如图 3-1 所示，用数字电压表测量低欧姆电阻上的电压降来确定阳极和阴极之间的电流。

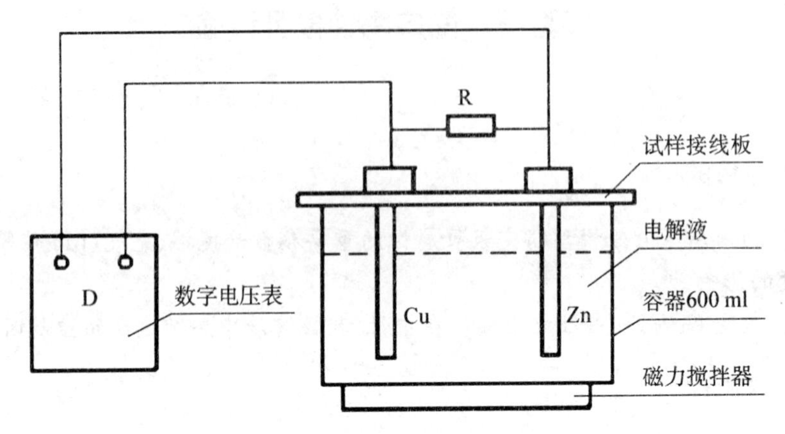

图 3-1　腐蚀电池试验装置示意图

四、实验步骤

1. 用细砂纸打磨试样，用酒精清洗试样 2 次并吹干，测量试样尺寸，计算出表面积，按图 3-1 连接好线路。

2. 时间的影响：把试片接到线路板上，连接好线路；往容器中注入 3%NaCl 溶液 600 毫升；再把接了试片的接线板放入容器中，并开始计时，直接测量电解液中电池两电极的端电压，在 5 min 内每 5 或 20 s 测量 1 次并记录。（开始时间间隔短一些）。

3. 充气的影响：将阴、阳极都浸入溶液中，分别靠近阳极充气 1 min 或靠近阴极充气 1 min，记录电压值。

4. 电极面积的影响：开动搅拌机，搅拌 3 min 后，先测量 $S_C : S_A = 1 : 1$ 的电压值，然后将阴极提出溶液 3/4，3 min 后测量电压值，最后将阳极提出溶液 3/4，3 min 后测量电压值。

5. 加酸的影响：往溶液中加数毫升 1 mol/L HCl，使溶液 pH 调到 2～3。

(1) 搅拌 3 min 后测量溶液 pH 值。

(2) 重复步骤 4。

五、实验数据记录与计算

原始数据：Zn 试片尺寸：　　　cm，面积 S：　　　cm^2。

实验所测数据和计算的电流密度记入表 3-1 和表 3-2。

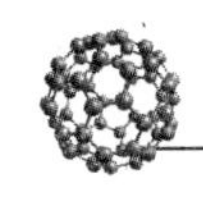

表 3-1　腐蚀电流密度-时间的关系

时间(s)	0	5	10	15	20	40	60	80	100
电压(mV)									
电流密度(mA/cm^2)									
时间(s)	120	140	160	180	200	220	240	260	280
电压(mV)									
电流密度(mA/cm^2)									

表 3-2　各参数的影响

参数	端电压 U(mV)	电流密度 i_{Zn}(mA/cm^2)
不搅拌		
搅拌		
充气阴极		
充气阳极		
面积比(搅拌) $S_C:S_A=1:1$		
面积比(搅拌) $S_C:S_A=1/4:1$		
面积比(搅拌) $S_C:S_A=1:1/4$		
面积比(加酸) $S_C:S_A=1:1$		
面积比(加酸) $S_C:S_A=1/4:1$		
面积比(加酸) $S_C:S_A=1:1/4$		

计算阳极腐蚀电流密度公式如下：

$$i_{Zn}=U/(RS)\ (mA/cm^2)$$

式中　U——Cu-Zn 电池端电压，mA；

R——短路电阻，Ω；

S——试片表面积，cm^2。

六、实验结果评定与讨论

1. 绘出腐蚀电流密度-时间曲线。
2. 分别写出 Zn-Cu 电池在中性、酸性溶液中的电极反应和总反应。
3. 讨论在中性、酸性腐蚀介质中，Zn-Cu 电池的控制因素。
4. 讨论搅拌、充气和 pH 值对 Zn-Cu 电池腐蚀速度的影响。

第二章　电化学测试技术

实验四　自动电位滴定法测定 Cl^-、I^- 的含量

一、实验目的

1. 掌握电位滴定法测定离子浓度的方法原理。
2. 熟悉自动电位滴定计的使用方法和实验技术。

二、实验原理

用 $AgNO_3$ 溶液可以一次取样连续测定 Cl^-、I^- 的含量。滴定时，由于碘化银的溶度积小于氯化银，所以碘化银首先沉淀出来，而随着硝酸银的加入，溶液中碘离子浓度不断降低，当银离子浓度和氯离子的浓度的乘积大于等于氯化银的溶度积时，氯化银开始沉淀，当氯离子含量不是太大时，碘离子完全沉淀后氯离子才开始沉淀。所以可以一次连续测定溶液中 Cl^-、I^- 的含量。

本实验用 $AgNO_3$ 滴定 Cl^-、I^- 的混合溶液，指示电极用银电极，其电极电势与银离子的浓度的关系符合能斯特方程。参比电极选择 217 型双液接饱和甘汞电极，盐桥用硝酸钾溶液。

三、实验仪器和试剂

1. 实验仪器：ZD－2 型自动电位滴定仪、217 型双液接饱和甘汞电极、银电极、滴定管、移液管；
2. 实验试剂：0.100 0 mol/L $AgNO_3$ 标准溶液、含 Cl^-、I^- 的未知溶液。

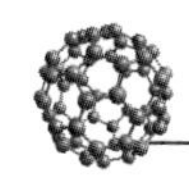

四、实验内容

1. 准备工作

(1) 银电极的准备:用砂纸将表面擦亮后,用蒸馏水冲洗干净置电极架上。注意银电极表面易氧化,使用性能下降,用细砂纸打磨,露出光滑新鲜表面可恢复活性。

(2) 饱和甘汞电极的准备:检查电极内液位、晶体和气泡,作适当处理后,用蒸馏水清洗干净,吸干外壁水分,套上装满饱和 KNO_3 溶液的盐桥套管,并用橡皮圈扣紧,置电极架上。

(3) 在清洗干净的滴定管中装入 0.100 0 mol/L $AgNO_3$ 标准溶液,并将液位调至 0.00 刻线上。

(4) 按仪器说明书连接好仪器,开启仪器电源,预热 20 min。

2. 手动滴定求滴定终点

(1) 于 100 mL 烧杯中移取 25 mL 含 Cl^-、I^- 的未知溶液,加入 10 mL 蒸馏水,插入电极。

(2) 将仪器上"选择"开关至于"mv"档,工作开关置于"手动"位置。打开搅拌器开关,调节转速,按下"读数"开关,用"校正"调节器将读数指针调至 0 mv,待指针稳定后开始滴定。

(3) 工作开关置于"手动"位置,用手动操作,以 $AgNO_3$ 标准溶液进行滴定。每加 2.00 mL 记录一次电位值。当接近两个突越点时,每加 0.05 mL 记录一次。将电位 E 对 $AgNO_3$ 标准溶液滴定体积 V 作曲线,并求出两个终点 E_1、E_2。

3. 自动滴定求滴定终点

(1) 将仪器上"选择"开关至于"mv"档,接通"读数"开关,将预定设定终点调节至第一种点 E_1 处。再将仪器上"选择"开关至于"mv"档,读数指针调至 0 mv 处。将工作开关置于"滴定"位置,滴定开关置"－"位置。打开搅拌器开关,调节转速,按下"滴定开始"开关,待滴定结束后,读取 $AgNO_3$ 消耗的体积 V_1 并记录。

(2) 将预定设定终点调节至第一终点 E_2 处,继续滴定第二个终点,读取 $AgNO_3$ 消耗的体积 V_2 并记录。

(3) 平行三次测定。

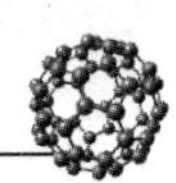

4. 结束工作

(1) 关闭电磁搅拌器,关闭滴定计电源开关。

(2) 清洗电极、烧杯、滴定管等。

(3) 清理工作台,填写仪器使用。

五、实验数据处理

1. 由 $AgNO_3$消耗的体积 V_1计算试液中 I^- 的含量。

2. $AgNO_3$消耗的体积 V_2计算试液中 Cl^- 的含量。

六、实验思考题

1. 为什么用双液接饱和甘汞电极作参比电极? 如果用 KCl 盐桥的饱和甘汞电极对测定结果有什么影响?

2. 通过本实验你能体会到自动电位滴定法有什么优点?

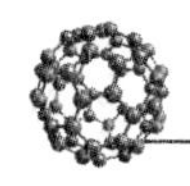

实验五　镀锌溶液极化曲线的测定

一、实验目的

1. 掌握测定阴极极化曲线的测量方法和意义。
2. 镀锌添加剂的用量对阴极极化曲线的影响。
3. 锌镀层质量对极化曲线的影响。

二、实验原理

电镀添加剂在电镀过程中起着极其重要的作用。它吸附在阴极表面上,对电极过程可起到加速或抑制的作用,在阴极极化曲线上就表现为减小或增大极化,从而影响镀层的结晶状态。此外,添加剂还可以增加镀层的延展性。由于添加剂在镀层中的夹杂,也有可能增加镀层的脆性。为了更好地了解添加剂在电镀过程中的作用,分析添加剂对阴极极化曲线的影响,利用极化曲线来解决生产中所遇到的各种实际问题。

镀层的外观要求各种镀层结晶应均匀、细致、平滑,颜色符合要求。光亮镀层要美观、光亮。所有镀层均不允许有针孔、麻点、起皮、起泡、毛刺、斑点、起瘤、剥离、阴阳面、烧焦、树枝状和海绵状镀层,以及要求有镀层的部位无镀层缺陷。允许镀层表面有轻微水印,颜色稍不均匀以及不影响使用和装饰的轻微缺陷。各种镀层的外观均有具体要求。检测时应按不同镀种的具体外观要求做出正确的评定。

常用缺陷类型及特征:

(1) 针孔指镀层表面似针尖样的小孔,其疏密及分布虽不相同,但在放大镜下观察时,一般其大小,形状均相似。

(2) 麻点　指镀层表面不规则的凹歇孔,其形状、大小、深浅不一。

(3) 起皮　指镀层成片状脱离基体或镀层的缺陷。

(4) 起泡　指镀层表面隆起的小泡,其大小、疏密不一,且与基体分离。

(5) 斑点　指镀层表面的色斑、暗斑等缺陷,其特征随镀层外观色泽而异。

(6) 毛刺　指镀层表面凸起且有刺手感觉的缺陷。其特点是在电镀件高电流密度区较为明显。起瘤则是在此基础上形成的。

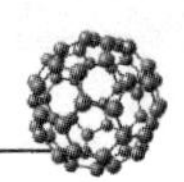

(7) 雾状　指镀层表面存在的程度不一的云雾状覆盖物，多产生于光亮镀层表面。

(8) 阴阳面　指镀层表面局部亮度不一或色泽不匀的缺陷。

(9) 树枝状镀层　指镀层表面有粗糙、松散的树枝状或不规则突起的缺陷，一般在工件边缘和高电流密度区较突出。

(10) 烧焦　指镀层表面颜色黑暗、粗糙、松散或质量不佳等缺陷。

(11) 海绵状镀层　指镀层与基体结合不牢固，松散多孔的缺陷。

检测镀层表面缺陷一般是采用目测法。为了便于观察，防止外来因素的干扰，目测法应在外观检测工作台上或外观检测箱中进行。工作台或检测箱的尺寸大小可按实际需要确定。

本实验通过极化曲线方法进行镀层的外观缺陷试验，分析表面外观对镀层性的影响，对生产质量控制有一定的指导意义。

三、实验内容

1. 基本溶液

基础镀液组成：$ZnCl_2$ 70 g/L，KCl 200 g/L，H_3BO_3 40 g/L 记为 1 号溶液；

基础镀液＋添加剂 NDZ－1，5 mL/L，记为 2 号溶液；

基础镀液＋添加剂 NDZ－1，10 mL/L，记为 3 号溶液；

基础镀液＋添加剂 NDZ－1，15 mL/L，记为 4 号溶液；

基础镀液＋添加剂 NDZ－1，20 mL/L，记为 5 号溶液。

2. 极化曲线的测定

电化学测试采用三电极体系。研究电极采用直径为 10 mm 的圆电极，辅助电极采用 10 mm × 10 mm 的 Pt 片，参比电极采用饱和甘汞电极。

采用上海辰华 CHI 600C 电化学工作站进行测试。测试环境温度为 25℃，相对湿度为 50%～60%。

3. 锌镀层质量对极化曲线的影响

比较典型镀锌液与镀层外观出现雾状，表面烧焦等现象的阴极极化曲线。分析不同区域受何种极化控制。

四、实验结果与讨论

1. 添加剂用量对极化曲线的影响：

2. 锌镀层质量与极化曲线的关系。

五、实验思考题

1. 极化曲线测定为什么用三电极体系?
2. 添加剂 NDZ－1 在镀锌溶液中的作用?

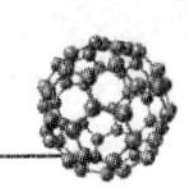

实验六 电化学法测定饮料中葡萄糖的含量

一、实验目的

1. 熟悉循环伏安法测试的实验原理。
2. 学会用循环伏安法进行样品分析的实验技术及技能。
3. 掌握CHI电化学分析仪的基本操作和固体电极表面的处理方法。
4. 比较不同饮料含糖量的高低。

二、实验原理

线性电位扫描伏安法是电化学研究中最基本的实验方法之一,常用的线性电位扫描有单程伏安法和循环伏安法。所谓单程伏安法就是恒电位仪处在控制电位状态下,选择某初始电位使电极电位按指定的方向和速度随时间线性变化到某一指定的电位并记录极化电流和极化电位的相互关系。

循环伏安法(Cyclic Voltammetry)是一种常用的电化学研究方法。该法控制电极电势以不同的速率,随时间以三角波形一次或多次反复扫描,电势范围是使电极上能交替发生不同的还原和氧化反应,并记录电流-电势曲线。根据曲线形状可以判断电极反应的可逆程度,中间体、相界吸附或新相形成的可能性以及偶联化学反应的性质;也可用于定量确定反应物浓度,电极表面吸附物的覆盖度,电极活性面积以及电极反应速率常数、交换电流密度,反应的传递系数等动力学参数等。常用来测量电极反应参数,判断其控制步骤和反应机理,并观察整个电势扫描范围内可发生哪些反应及其性质如何。对于一个新的电化学体系,首选的研究方法往往就是循环伏安法,可称之为“电化学的谱图”。

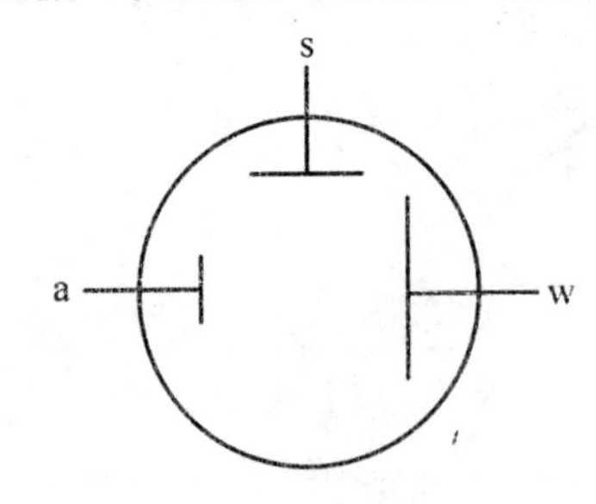

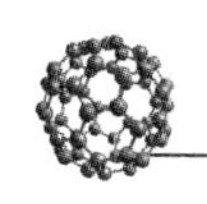

循环伏安法是一种特殊的氧化还原分析方法。其特殊性主要表现在实验的工作环境是在三电极电解池里进行。w 为工作电极(即绿色的夹子接铜电极),s 为参比电极(即白色的夹子接饱和氯化钾电极),a 为辅助电极(即红色的夹子接铂电极)。当加一快速变化的电压信号于电解池上,工作电极电势达到开关电势时,将扫描方向反向,所得到的电流-电势(I－E)曲线,称为循环伏安曲线。循环伏安曲线显示一对峰,称为氧化还原峰。在一定的操作条件下,氧化还原峰高度与氧化还原组分的浓度成正比,可利用其进行定量分析。

通过 CV 的测量,得需要做一批不同浓度的 CV 曲线,通过曲线特征峰的积分面积从而确定浓度与峰面积之间的关系,然后绘制出标准曲线。这样就可以用来测定未知物的浓度。

三、实验仪器与试剂

1. 实验仪器:CHI 600D 电化学分析仪;三电极工作体系(Ag/AgCl 电极为参比电极、Pt 电极为辅助电极、Cu 电极为工作电极);电热鼓风干燥箱;电子天平(0.000 1 g);超声波清洗仪;容量瓶(500 mL、100 mL 各一个,50 mL 5 个);移液管(1、2、5、10mL 各一支);50 mL 烧杯;玻棒。

2. 实验试剂:KCl、NaOH、葡萄糖等均为分析纯,金相砂纸(600 目、1000 目等)或 Al_2O_3 打磨粉(1.0、0.3 μm 等),实验样品(如:百事可乐、鲜橙汁、绿茶、可口可乐、雪碧等)。

四、实验内容

1. 电极的处理

一个全新的电极,电极的表面是粗糙的,不光滑的,并且还有许多杂质附着在上面。而电化学实验的灵敏度极高,任何杂质的存在都会影响实验结果,所以在实验前必须对电极表面进行处理。

处理步骤为:砂纸打磨(先粗砂再细砂,至镜面光亮)→依次用 1.0、0.3 μm 的 Al_2O_3 浆在麂皮上抛光至→超声水浴中清洗(超声水浴中清洗,每次 2～3 min,重复三次)→循环扫描,最后得到如图 6－1 所示的循环伏安曲线图。

2. 系列标准溶液的配制

称取 1.8 g 的葡萄糖固体,用 0.10 mol/L 的 NaOH 溶液溶解后,配制成 0.10 mol/L 的葡萄糖溶液。再按照一定的比例,用 0.10 mol/L 的 NaOH 溶液将其稀释成 0.1、0.5、1.0、5.0、8.0、10.0、15.0、20.0 mmol/L 的待测溶液。

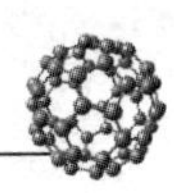

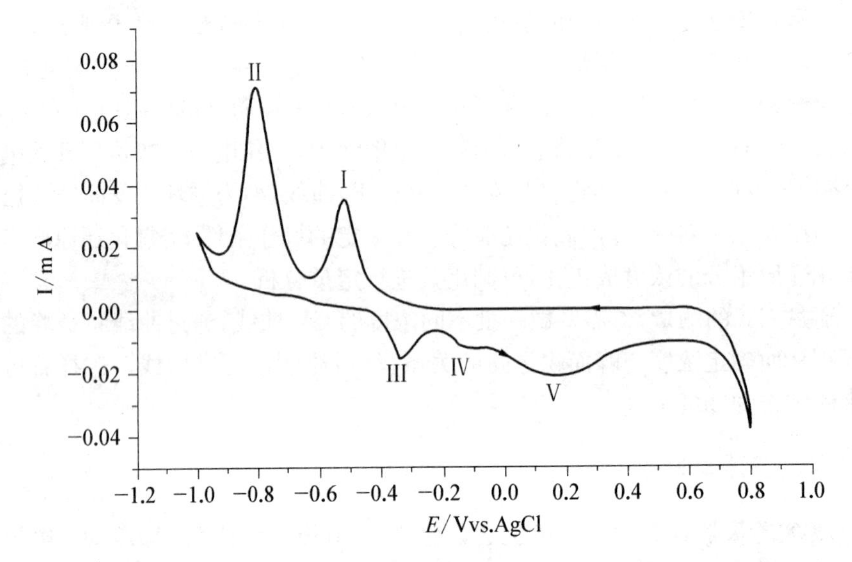

图 6-1 常温下铜电极在 NaOH 溶液中的循环伏安曲线(扫描速度为 20 mV·s[1])

3. 研究浓度对循环伏安曲线的影响

在实验过程中,所用电解质溶液是用 0.10 mol/L NaOH 溶液溶解的葡萄糖溶液,分别配制成 0.1、0.5、1.0、5.0、8.0、10.0、15.0、20.0 mmol/L 的待测溶液用电化学分析仪绘制循环伏安曲线。调节各项参数:测量方法为循环伏安法,起始电位为−1.2 V,电位扫描上限为 1.0 V,电位扫描下限为−1.2 V,起始电位扫描正向,电位扫描速度为 0.02 V/s,扫描半圈数为 2,采样间隔为 0.006 V,扫描前静止时间为 5 s,灵敏度通过调整可设定为 1.0×10^{-3} A/V,绘制出多组循环伏安曲线。

4. 葡萄糖的标准曲线绘制

循环伏安实验按照从低浓度到高浓度的顺序进行测量,得出图 6-2 的曲线。在图中葡萄糖的浓度是顺着箭头的方向依次增大的。以浓度为横坐标,电流为纵坐标,得出图 6-3 的标准曲线。

5. 市售饮料葡萄糖的测定

实验时先准备几种含糖分的饮料,如可口可乐、雪碧、百事可乐、鲜橙汁、绿茶等。市售饮料中的糖分一般都比较高,实验前采用 0.10 mol/L 的 NaOH 溶液按 1∶100 的比例稀释,再运用铜电极通过循环伏安法进行实验。

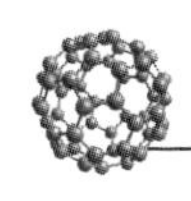

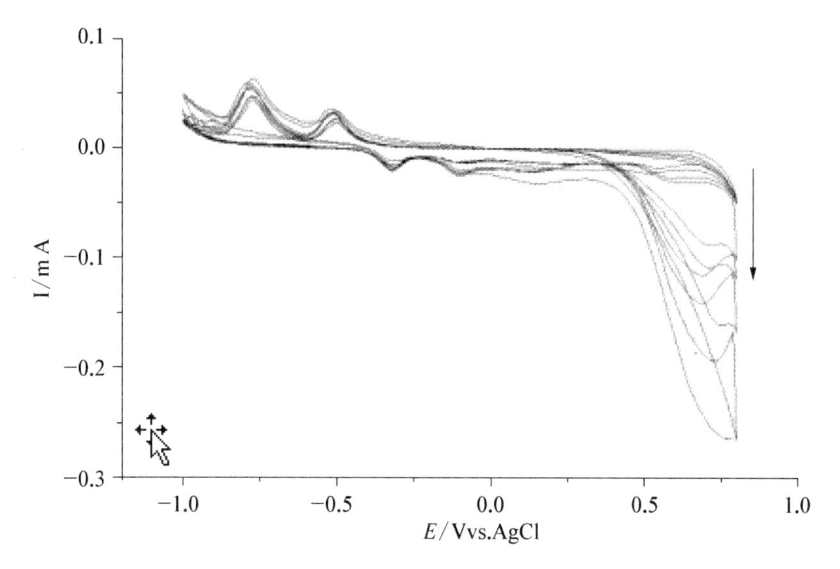

图 6-2　不同浓度葡糖糖溶液的循环伏安曲线

将实验得到的峰电流，从图 6-3 中的标准曲线中找出稀释后各种饮料的浓度，最后将该浓度乘以 100，即是该种饮料的葡萄糖浓度。试比较各种饮料含糖量的高低，并与包装上的标示进行比较。

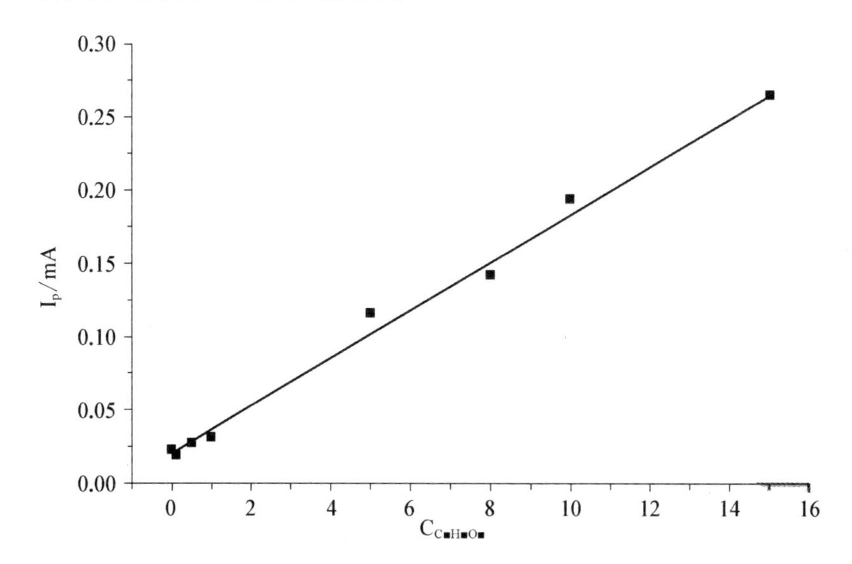

图 6-3　不同浓度葡糖糖溶液的标准曲线

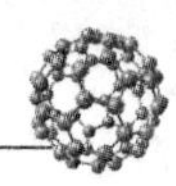

四、实验数据处理

1. 绘制 0.10 mol/L NaOH 溶液的循环伏安曲线。
2. 绘制标准葡萄糖溶液的循环伏安曲线。
3. 绘制市售饮料的循环伏安曲线。
4. 绘制不同浓度葡糖糖溶液的标准曲线($I-c$)。
5. 在标准工作曲线上确定市售饮料的葡萄糖的含量。

五、实验思考题

1. 循环伏安法定量分析的理论依据是什么?
2. 如何做葡萄糖溶液的标准曲线?选择标准溶液浓度的依据?
3. 如何用循环伏安法测量市售各种饮料中糖的含量高低?

六、注意事项

1. 电极表面对实验结果有相当大的影响,实验前电极表面要处理干净。

2. 需详细了解电化学工作站的使用方法,不能盲目操作。

3. 每次扫描之间,为使电极表面恢复初始状态,应将电极提起后再放入溶液中,或将溶液搅拌,等溶液静止后再扫描。因此实验时应仔细预处理研究电极。

4. 因研究电极和铂电极有较大的电流通过,而参比电极不应有电流通过,因此实验过程应正确接入研究电极、参比电极和铂电极。

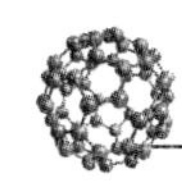

实验七 交流阻抗法评定铝阳极氧化膜耐蚀性

一、实验目的

1. 了解铝和铝合金阳极氧化膜的性质和用途。
2. 掌握用交流阻抗法评定耐蚀性的原理和方法。
3. 掌握电化学工作站测试技巧和结果分析。

二、实验原理

铝和铝合金除了作为装饰性的材料外，已经越来越广泛地应用在建筑、汽车、火车、飞机、各种器械设备等多个方面，化工设备也用到铝和铝合金。铝是一种活泼金属，它的耐蚀性能归功于它的“钝化”，也就是在铝表面形成的氧化膜层。铝材和铝制设备的寿命，很大程度上取决于这层氧化膜的质量。

1. 铝氧化膜的结构和性质

在不同的条件下，铝表面所形成的氧化膜是不同的。在大气中的金属铝，表面形成的氧化膜层很薄，有些时候不能满足工程上的要求。铝在它的氧化物溶解量低的溶液(例如硼酸盐或酒石酸盐溶液)中，通阳极电流进行氧化时，在它的表面会形成结构紧密的氧化膜。氧化膜的厚度和对铝所加的阳极电势有一定的关系，大约是电压每增加 1 伏特，膜厚增加 14 埃。铝在它的氧化物溶解量大的溶液(例如硫酸)中进行阳极氧化时，在较低的电势下就会形成比较厚的和多孔的氧化膜。氧化膜的空隙度随电解质的性质、浓度、温度、样品处理时间的长短和所使用的电流密度而变化。

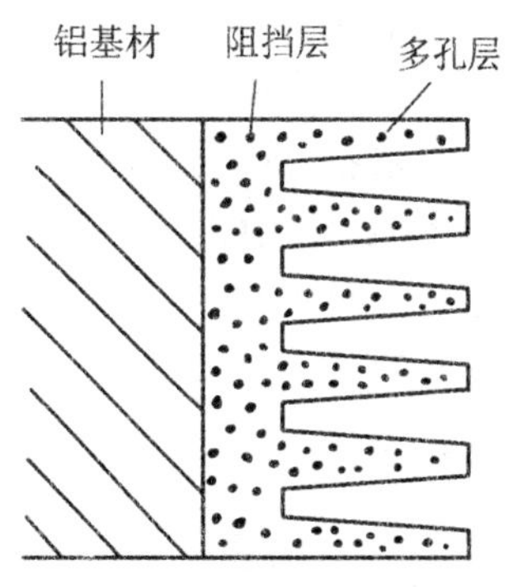

图 7-1 铝合金氧化示意图

一般认为，铝氧化膜是由一层毗邻金属的薄的“阻挡层”和在“阻挡层”之外，有孔隙形成了一个大的化学活性表面，它的耐蚀能力仍然是不理想

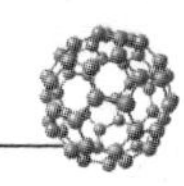

的。为了增加氧化膜抗腐蚀的能力，必须对孔隙进行封闭处理。

所谓封闭，就是指氧化膜在沸水（或者是蒸汽或者是某些盐的溶液）中，孔隙内形成了某些物质，孔隙度减少，晶体结构发生变化，多孔层丧失了对染料的吸收力，腐蚀阻力获得改进的历程。封闭机理是一个仍然在探讨的问题。一般认为在沸水中封闭时，依不同的水质、不同的 pH 值和不同的水温，生成了带一个结晶水的铝氧化物或带三个水的铝氧化物。铝氧化物的生成使到孔隙率成百倍地下降，同时铝的氧化物，特别是一水氧化物在很多介质中是难溶的，因此，封闭得当的氧化膜具有优良的耐化学介质能力。为了评价铝氧化膜的封闭效果，需要制定若干标准和相应的技术。

2. 固定频率下的交流阻抗法

交流阻抗法是评定铝氧化膜封闭质量的技术之一。属于这类技术的标准有ISO（国际标准化组织）2931 和 ASTM（美国材料试验学会）B 457。这两个标准都是通过测量样品的交流阻抗或导纳（阻抗的倒数）去评定封闭质量的，通常称为阻抗/导纳法。

铝的氧化膜是由“阻挡层”和“多孔层”组成的。当对氧化膜/铝基体金属加一个交流讯号时，“阻挡层”和“多孔层”对讯号有一定的阻力，类似一个阻容电路，可以直接或间接地通过仪表求出氧化膜层阻抗的绝对值 Z。Z 是多个因素的函数，它会随多种因素的变化而变化。如基体的表面状态、封闭工艺的类型、膜层的厚度、氧化层的着色工艺和封闭时间。在各个因素中，对 Z 值影响最大的是封闭工艺的类型。当封闭质量较差时，无论其他因素怎样改变，Z 值一般都比较小。所以 Z 值可以作为评价封闭质量的一个指标。

当交流阻抗技术应用于铝氧化膜研究时，必须首先建立铝氧化膜的等效电路。图 7-2(a)为 Gonzalez 等提出的氧化膜的一般模型。其中 R_{sol} 代表电解液电阻；R_{pw} 和 C_{pw} 代表多孔层孔壁的平均电阻和平均电容；R_p 和 C_p 为孔内的平均电阻和平均电容；R_b 和 C_b 为阻挡层的平均电阻和平均电容。由于孔壁阻抗（R_{pw} 与 C_{pw} 并联）很大，在研究的频率范围内观察不到，因此在图 7-2(a) 中未表示出来；而且一般溶液电阻较小，可以忽略；另外由于多孔层和阻挡层的不均匀性，它们的容抗行为用常相位元件 CPE 模拟比用电容 C 更为合适（$CPE=1/(j\omega C)^n$，$n=1$ 时为理想电容器），因此，图 7-2(a) 可以简化为图 7-2(b)。

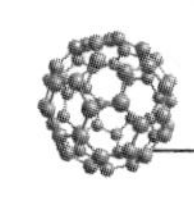

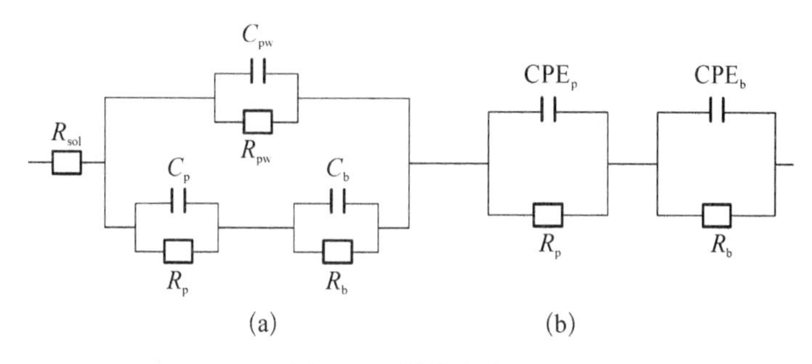

图 7-2　等效电路图

三、实验仪器和试剂

1. 实验仪器：CHI 660D 电化学工作站，测厚仪，阳极氧化电源，饱和甘汞电极，铂电极(Pt)，铝材料，1 伏纽扣电池，各种砂纸；

2. 实验试剂：丙酮，硫酸，草酸，丙三醇，碱性除油液(氢氧化钠和碳酸钠)，氯化钠。

四、实验内容

1. 试样制备

硫酸溶液阳极氧化：电解液为 200 g/L 硫酸 + 20 g/L 草酸 + 15 g/L 丙三醇，氧化电流密度为 1.0A/dm^2，氧化时间 60 min 左右，常温。

氧化膜制备工艺流程：300# 水砂纸打磨→600# 水砂纸打磨→800# 水砂纸打磨→水洗→丙酮脱脂除油→碱性化学除油→去离子水洗→阳极氧化→去离子水洗→封闭→去离子水洗→冷风吹干。

封闭处理：采用沸水封闭，置于 100℃去离子水中处理 30 min。各种处理溶液均采用分析纯试剂和去离子水配制。

采用测厚仪测定试样氧化膜厚度，厚度控制在 15±2 μm。

2. 电化学交流阻抗测试

测试前先进行扣式电池交流阻抗谱的测定：两电极体系

打开测试软件→控制→开路电位，记录开路电位值

实验技术：交流阻抗→确定

实验参数：起始电位：开路电位值

高频：10 000

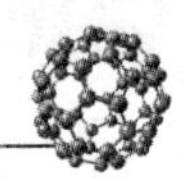

低频：0.01

运行：Run

运用 CHI 电化学工作站，采用三电极体系，以饱和甘汞电极（SCE）为参比电极，铂电极（Pt）为辅助电极，工作电极暴露面积约 1 cm^2，其余部分用快速粘接剂涂封。

经过沸水封闭后的铝阳极氧化膜在 0.1 mol/L NaCl 溶液、1 mol/L NaCl 溶液 0.01 mol/L NaCl 溶液中交流阻抗测试。

测定自腐蚀电位条件下氧化膜试样在去离子水中浸泡不同时间（30 min，1 h，2 h，7 d，15 d）后在 3.5%NaCl 溶液中的交流阻抗谱（频率范围 0.01 Hz～100 kHz，交流信号幅值 10 mV）。

测定在去离子水中浸泡不同时间后氧化膜试样在 3.5%NaCl 溶液中的极化曲线。

五、实验思考题

1. 交流阻抗技术在哪些方面得到应用，请举例说明。
2. 在应用交流阻抗技术时应注意哪些事项？

实验八　扣式镍氢电池的制备与性能表征
（综合实验）

一、实验目的

1. 掌握制作锂离子扣式电池的方法，并测定其电化学容量。
2. 学会电池充放电容量的测定。

二、实验原理

化学电源也就是通常所说的电池，是一类能够把化学能转化为电能的便携式移动电源系统，现已广泛应用在人们日常的生产和生活中。电池的种类和型号（包括圆柱状、方形、扣式等）很多，其中，对于常用的电池体系来说，通常根据电池能否重复充电使用，把它们分为一次（或原）电池和二次（或可充电）电池两大类，前者主要有锌锰电池和锂电池，后者有铅酸电池、镍氢电池、锂离子电池和镍镉电池等。除此之外，近年来得到快速发展的燃料电池和电化学电容器（也称超级电容器）通常也被归入电池范畴，但由于它们所具有的特殊的工作方式，这些电化学贮能系统需特殊对待。在这些电池的制备和使用方法上，有很多形似的地方，因此通过熟悉一种电池可以达到了解其他电池的目的。本实验即通过制备一种锂离子电池，并通过测试电池的性能，以此使同学们在电池制备及其性能表征等方面得到训练。

锂离子电池具有比能量高、比功率大、循环寿命长、无记忆效应以及清洁无污染等特性，是继铅蓄电池、镍镉、镍氢电池之后的新一代电池产品，在近十年来得到飞速的发展。锂离子电池是指以两种不同的能够可逆地插入及脱出锂离子的嵌锂化合物分别作为电池正极和负极的二次电池体系，主要由正极、负极、隔膜和电解质四部分组成。正极的活性物质一般采用钴酸锂（$LiCoO_2$）、镍酸锂（$LiNiO_2$）和锰酸锂（$LiMn_2O_4$）等；负极材料一般为特殊的碳素材料，如：石墨、中间相碳微球或石油焦炭等；隔膜通常使用微孔聚丙烯和聚乙烯或两者的复合膜（PE－PP－PE）；电解质主要包括液态电解液和聚合物电解质，其主要作用就是为锂离子。

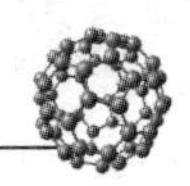

$$(-)LiC_6 | LiClO_4 - PC + EC | LiCoO_2(+)$$

正极 $LiCoO_2 \longrightarrow Li_{1-x}CoO_2 + xLi^+ + xe^-$

负极 $6C + xLi + xe^- \longrightarrow LixC_6$

电池反应 $LiCoO_2 + 6C \longrightarrow Li_{1-x}CoO_2 + LixC_6$

三、实验仪器与试剂

1. 实验仪器:真空手套箱、充放电控制仪、电化学工作站、玛瑙研磨、电子分析天平(0.1 mg)、锂离子电池模型、真空干燥箱、电磁搅拌器。

2. 实验试剂:$LiFePO_4$、乙炔黑、PVDF、NMP、$LiCl_2O_7$、锂片、铝片、隔膜。

四、实验内容

1. 正极物质制备

称取 $LiFePO_4$ 0.2 g,乙炔黑 0.04 g,PVDF 0.026 7 g,在玛瑙研磨中研磨三种物质使均匀混合,滴加 NMP 适量搅拌 12 小时。

正极片的制作:取出正极物质涂在铝片上,真空干燥 12 小时,温度 80℃,按照模型的大小剪电极片及隔膜。

2. 装电池

把需要用的工具及物品放入真空干燥箱中,放入正极片,在正极上滴加一至两滴电解液 $LiCl_2O_7$,放入隔膜,注意不要留下气泡,在隔膜上滴加一至两滴电解液,放入负极,扭紧螺丝。

3. 电池性能检测

(1) 电化学工作站测循环伏安曲线。

(2) 电池充放电控制仪测充放电曲线。

五、思考题

1. 若装电池的过程中隔膜下有气泡会对电池的性能产生什么负面影响?

实验九　电化学合成聚苯胺

（设计实验）

一、实验目的

1. 了解导电高分子的基本概念，了解聚苯胺的结构特征、导电机理。
2. 了解聚苯胺的制备方法，并选用电化学方法制备导电聚苯胺。
3. 了解聚苯胺在传感器、二次电池、光电子器件等领域的应用。
4. 掌握利用电化学方法合成聚苯胺的实验方法。

二、实验原理

聚苯胺(PANI, polyanitine)因其具有环境稳定性好、独特的掺杂机制、优异的电化学性能等优点，成为最重要的导电高分子材料之一。掺杂态聚苯胺特有的导电性、电致变色等物理化学性能，使其在显示器件、二次电极、气体分离等方面具有广阔的应用前景。

聚苯胺实用化最大的障碍在于其不溶，难以加工应用。导电高聚物纳米化可将导电高分子的导电性和纳米粒子的功能性结合在一起，能极大地改善导电高聚物的可加工性，因此已成为近年来研究的热点。

聚苯胺的形成是通过阳极偶合机理完成的，具体过程可由下式表示：

NH_2　$\xrightarrow[-H^+]{-e}$　NH　⟶　NH

$2C_6H_5NH$　H, N, H, NH　⟶　H, N, NH_2

聚合物

聚苯胺链的形成是活性链端(—NH_2)反复进行上述反应，不断增长的结

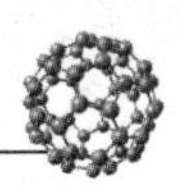

果。由于在酸性条件下,聚苯胺链具有导电性质,保证了电子能通过聚苯胺链传导至阳极,使增长继续。只有当头-头偶合反应发生,形成偶氮结构,才使得聚合停止。

PANI有4种不同的存在形式,它们分别具有不同的颜色。苯胺能经电化学聚合形成绿色的叫作翡翠盐的PANI导电形式。当膜形成后,PANI的4种形式都能得到,并可以非常快地进行可逆的电化学相互转化。完全还原形式的无色盐可在低于-0.2 V时得到,翡翠绿在0.3~0.4V时得到,翡翠基蓝在0.7 V时得到,而紫色的完全氧化形式在0.8 V时得到。因此可通过改变外加电压实现翡翠绿和翡翠基蓝之间的转化,也可以通过改变pH值来实现。区分不同光学性质是由苯环和喹二亚胺单元的比例决定的,它能通过还原或质子化程度来控制。

聚苯胺是单体苯胺在酸性溶液中氧化而得到的共轭高分子。聚苯胺的制备有化学法和电化学法,其中电化学法是一种简单而有效的方法。制备时常采用三电极系统,即工作电极(W)、对电极(C)与参比电极(R)。工作电极一般用贵金属或碳类材料制作,铂和甘汞电极可分别作为对电极和参比电极。制备时可采用不同波型的电压或电流作为激励信号,可采用循环伏安法、恒电位法和恒电流法。

苯胺氧化的第一步是生成自由基阳离子,它与聚合杂质的pH无关,是聚合反应的速率控制步骤。自由基阳离子发生二聚反应产生对胺基二苯胺(头-尾二聚),然后再进一步头-尾相连,聚苯胺链的形成就是活性链端($-NH_2$)反复进行这种反应,不断增长的结果。由于在酸性条件下聚苯胺链具有导电性质,保证了电子能通过聚苯胺链传导至阳极,使增长继续,只有当头-头偶合反应发生形成偶氮结构才使得聚合反应停止。

三、实验要求

1. 通过查阅相关文献资料,了解导电高分子的基本概念和种类,掌握聚苯胺的结构特征、导电机理、合成方法及其应用;

2. 设计一种电化学制备聚苯胺的方案,应详细列出制备工艺步骤和表征手段;

3. 实验设计:聚苯胺在不同pH溶液中的循环伏安特性;聚苯胺在酸性溶液中的电致变色现象;

4. 实验方案经指导教师审阅后,可按照实验方案进行实验,并对实验结果进行分析和讨论。

第三章　电镀工艺

实验十　镀前处理与镀层结合力试验

一、实验目的

1. 了解镀前处理在电镀工艺过程中的作用。
2. 掌握不同电镀工艺对镀层结合力的影响。
3. 确定最佳结合力的工艺。

二、实验原理

众所周知，电镀过程是在金属制品与电解接触的界面上发生的，只有当二者良好地接触，电化学反应才能顺利地进行。当金属表面附有油污、氧化皮时，该处就没有电化学反应发生，因而也不会形成镀层。结果在镀件表面就会形成不连续的镀层，当镀件表面有局部的点状油污或氧化物时. 会使镀层不密实而多孔，或者当镀件受热时，使镀层出现小气泡，甚至“鼓泡”，当镀件表面粘附有极薄的甚至是肉眼看不见的油膜或氧化膜时，虽然也能得到外观正常、结晶细致的镀层。但是由于油膜或氧化膜的存在，使得镀层和基体的结合很不牢固。当零件在使用过程中，受到冲击、弯曲或冷热变化时，镀层将会开裂和脱落。

金属镀前处理的目的在于除掉金属表面上的毛刺、结瘤、锈蚀、油污和氧化皮，使工件表面清洁、光滑、活化，从而获得结合力好、厚度均匀的良好电镀层，对工件起保护和装饰作用。镀前处理的方法有机械法，化学法或电化学法，其工艺有如下几个方面：

（1）粗糙表面的整平：有机械磨光、机械抛光、电抛光、滚光、喷砂等处理方法。

（2）除油：有机溶剂除油、碱性化学除油、电化学除油等方法。

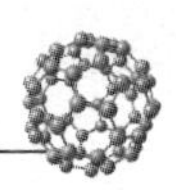

(3) 浸蚀:有强浸蚀、电化学浸蚀、弱浸蚀等方法。

由于组成工件的金属材料不同,且工件的初始表面状态的差异对镀层的质量要求不一,以及尽可能地考虑生产效率和经济效益,因此必须合理地选择镀前处理工艺。

镀层与基体金属的结合力是指单位表面积上的金属镀层剥离金属基体(或者中间镀层)时所需的力。有时结合力又称结合强度,一般用 kg/mm^2 表示。结合力的大小是由沉积金属原子与基体金属原子之间的相互作用力所决定的,其意味着电沉积层黏附在基体金属上的牢固程度。结合力的好坏,对所有的金属表面保护层的防护、装饰性能及其他功能均有直接影响。它是金属镀层质量的重要检验指标之一。

测量结合力的方法很多,多数为定性的测量,定量的测定很困难,到目前为止,还没有一种快速非破坏性的测定结合力的理想方法。在国外,也没有一种测定结合力的定量方法被列入标准中。下面简单介绍常用的定性、半定量试验方法。

1. 钢球摩擦抛光试验

钢球磨光往往用于抛光。但是,也可以用于测试结合力。采用直径约为 3 mm 的钢球,用皂液作润滑剂在滚筒或振动磨光器中进行。当覆盖层的结合力很差时,可能产生鼓泡。本试验只适用于较薄的沉积层。

2. 拉伸剥离试验

常用的方法有两种。其一,焊接-剥离法。本试验适用于检验厚度小于 125 μm的镀层。将一种大约 75 mm×10 mm×0.5 mm 的镀锡中碳钢带或镀锡黄铜带,在距一端 10 mm 处弯成直角,将较短的一边平焊于覆盖层表面上,将一载荷施加于未焊接的一边,并垂直于焊接点的表面,若镀层的结合力大于焊接点的强度,则在焊接处或镀层内部发生断裂,则认为其结合强度好;其二,粘接-剥离法(胶带试验)。它是将一种纤维粘胶带黏附在镀层上,用一定质量的橡皮滚筒在其上滚压,以除去粘接面内的空气泡,粘胶带的附着力大约是每 25 mm 的宽度为 8 N,间隔 10 s 后,用一垂直于镀层的拉力使胶带剥离,镀层无剥离现象说明结合力好。本方法适用于检验印刷线路中导体和触点上镀层的结合力,试验面积至少为 30 mm^2。

3. 锉刀试验

将试件(形状简单的)夹在台钳上,用一种粗齿扁锉刀,锉其锯断面的边缘,

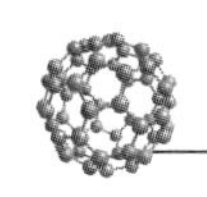

锉刀与镀层表面大约成45°角，锉动的方向是从基体金属向镀层，镀层无揭起或脱落的现象，则认为镀层的结合力好。本方法不适用于薄而软的镀层，如锌或镉镀层。

4. 弯曲试验

弯曲试验就是弯曲挠折具有覆盖层的镀件。一般用手或夹钳把镀件尽可能快地弯曲，先向一边弯曲，然后再向另一边弯曲，直至把镀件弯断为止。基体和镀层一起断裂。观察断口处附着情况，必要时可用小刀剥离，此时镀层不应起皮、脱落；或者用放大镜检查，基体与镀层间不允许分离。对于金属线材镀层，可采用缠绕弯曲试验。直径1 mm以下的金属线材，应绕在直径为线材直径3倍的轴上；直径1 mm以上的线材，缠在直径与线材相同的金属线上，绕成10～15匝紧密靠近的线圈，可用放大镜观察，镀层不应有起皮、脱落现象。

本实验在钢铁试片上，用不同的镀前处理工艺流程获得不同的镀层。采用弯曲法测结合力。

5. 划线划格试验

用一刃口为30°锐角的硬质钢刀在镀层上划两条相距为2 mm的平行线或1 mm^2的正方形格子。划线时应当施以足够压力，使划刀一次就能划破金属镀层达到基体金属。观察划线间的镀层是否剥离，若有任何脱离现象，则认为结合力不好。

上述不同的试验方法适用于不同种类的金属覆盖层的结合力，详见表10－1以做参考。

表10－1　各种覆盖层金属所适合的结合力试验方法

结合力试验方法	覆盖层金属									
	镉	铬	铜	镍	镍/铬	银	锡	锡-镍合金	锌	金
钢球摩擦抛光法	√	√	√	√	√	√	√	√	√	√
拉伸剥离法			√	√		√		√		
剥离(胶粘带)法	√		√	√		√	√	√	√	√
锉刀法			√	√	√			√		
划线、划格法	√		√	√	√	√	√			
弯曲法		√	√	√	√			√	√	√

注：标有"√"符号的表示覆盖层所适用的试验方法。

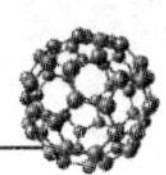

三、实验内容

1. 配制以下镀液

暗镍：1 升（$NiSO_4$：130 g/L，NaCl：7～9 g/L，H_3BO_3：35 g/L，Na_2SO_4：60 g/L）

酸性镀铜：2 升（$CuSO_4$：200 g/L，H_2SO_4：60 g/L，M：0.000 08 g/L，N：0.000 5 g/L，P：0.07 g/L，十二烷基硫酸钠：0.07 g/L）

光亮镀镍：1 升（$NiSO_4$：240 g/L，$NiCl_2$：40 g/L，H_3BO_3：40 g/L，光亮剂少量）

根据工艺配方，列出以下工艺规范：

暗镍：0.5 A/dm^2，2 min，常温

酸性镀铜：2.0 A/dm^2，10 min，常温，带电下槽

光亮镀镍：2.0～4.0 A/dm^2，10 min，55～60℃

2. 按以下工艺流程进行实验

1#：除油 → 水洗 → 浸蚀（除锈）→ 水洗 → 酸性镀铜 → 水洗 → 光亮镀镍 → 水洗 → 吹干

2#：除油 → 水洗 → 浸蚀（除锈）→ 水洗 → 镀暗镍 → 水洗 → 酸性镀铜 → 水洗 → 光亮镀镍 → 水洗 → 吹干

3#：除油 → 水洗 → 浸蚀 → 水洗 → 空停 10 min → 镀暗镍 → 水洗 → 酸性镀铜 → 水洗 → 光亮镀镍 → 水洗 → 吹干

4#：除油 → 水洗 → 镀暗镍 → 以后同 2#

5#：水洗 → 镀暗镍 → 以后同 2#

3. 实验结果分析与讨论

将用不同前处理工艺及工艺流程获得的各试片（1#～5#各工件）镀层的状况及结合力情况作比较，并分析原因，确定最佳工艺。

四、实验思考题

1. 什么叫镀前处理？它主要包括哪些内容？
2. 在镀酸性光亮铜前，加镀暗镍的目的是什么？
3. 经酸洗（浸蚀）后的工件，为什么要马上进入下一道工序？

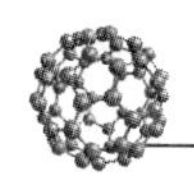

实验十一　酸性光亮镀锌溶液的配制及其阴极电流效率的测定

一、实验目的

1. 掌握电镀溶液的配制方法。
2. 掌握酸性光亮镀锌工艺及操作规范。
3. 学会镀液电流效率、覆盖能力的测定方法。

二、实验原理

锌是一种银白色金属，易溶于酸，也溶于碱，故称两性金属。

锌的标准电极电势为−0.76 V，对钢铁基体来说，锌镀层属于阳极性镀层，它主要用于防止钢铁的腐蚀。其防护性能的优劣与镀层厚度关系甚大。

镀锌层经过钝化处理后，生成一光亮而美丽的彩色膜，能显著提高镀层的保护性能。由于锌有上述特性，且成本比较低廉，因此在机械工业、电子工业、仪表和轻工业等方面，镀锌层已广泛用于某种条件下黑色金属的保护层。

阴极电流效率是指电解时在电极上实际沉积或溶解的物质的量与按理论计算出的析出或溶解量之比，通常用符号 η 表示。阴极电流效率是电镀中一项重要的技术指标，其影响因素很多，如电解液的温度，电解液中所要析出的金属、酸及杂质的含量，阴极电流密度，析出周期和添加剂使用情况，极板表面状况，导电状况和是否漏电等。

库仑计法测定阴极电流效率的原理是将待测电镀溶液的镀槽与一铜库仑计串联进行电镀后，先精确称量由于电极反应在阴极上实际析出物质的质量，根据法拉弟定律，利用重量库仑计计算出通过电极的电量后，再计算出镀槽中待测溶液的阴极电流效率。

本实验采用的重量库仑计为铜库仑计。铜库仑计实际上是一个镀铜电解槽。它具有电流效率为100%，而电极上的析出物又都能收集起来的特点，并且镀槽中没有漏电现象，完全可以满足电沉积工艺的要求。铜库仑计的电解液组成如下：硫酸铜125 g/L，硫酸25 mL/L，乙醇50 mL/L。

铜库仑计测定待测溶液的阴极电流效率方法：

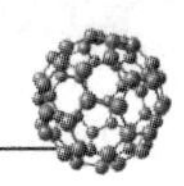

铜库仑计与被测电解液的连接方法如11－1所示。测量前将铜库仑计的阴极试片和被测试电解液槽中的阴极试片洗干净、烘干并准确称重。按被测电解液的工艺要求通电一段时间后，取出阴极试片，洗净、烘干再准确称重。然后计算阴极电流效率。

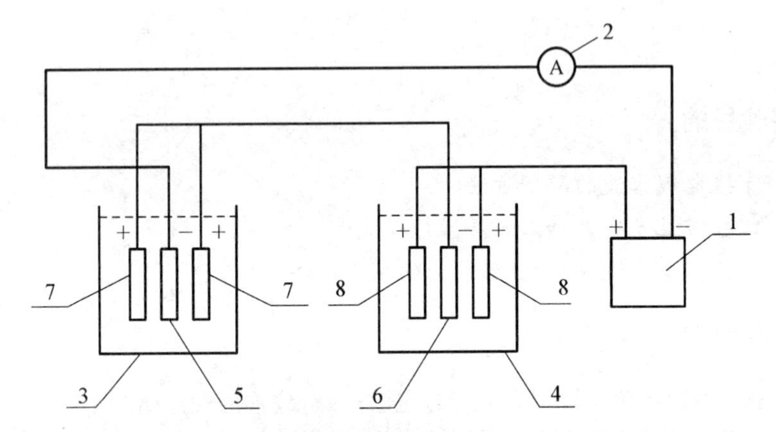

图11－1 铜库仑计测定阴极电流效率原理图

1—直流电源；2—电流表；3—待测镀液槽；4—铜库仑计；5—待测镀液阴极；6—铜库仑计阴极；7—待测镀液阳极；8—铜库仑计阳极

阴极电流效率按下式计算：

$$\eta_k = \frac{m_1 \times 1.186}{m_0 k} \times 100\%$$

式中 η_k——阴极电流效率；

m_1——待测镀液阴极试样的实际增重，g；

m_0——铜库仑计阴极试样的实际增重，g；

k——待测镀液阴极上析出物质的理论析出量，g/(A·h)；

1.186——铜的理论析出量，g/(A·h)。

覆盖能力是指镀液在特定的电镀条件下，在阴极表面凹处或深孔处沉积金属的能力。其测定原理是根据电镀电流分布原理，人为地制造出具有深凹和外形遮闭部位或内孔的阴极，并采取适当的悬挂方式在待测镀液中进行电镀。由测量的镀层覆盖的面积或镀入深度，来评定镀液的覆盖能力。

不同的试验方法，所得到的结果不相同。若要比较不同镀液或工艺条件的覆盖能力，则必须采用相同的方法，在相同的条件下进行试验。

常用方法有直角阴极法、内孔法、平行阴极法。

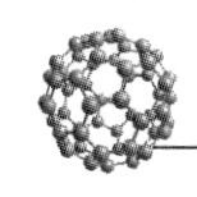

内孔法是采用有内孔的圆管做镀件，用一定的方法进行电镀，镀完后观察圆管内壁镀层的长度来评定镀液覆盖能力的优劣。

试验装置如图 11－2 所示。

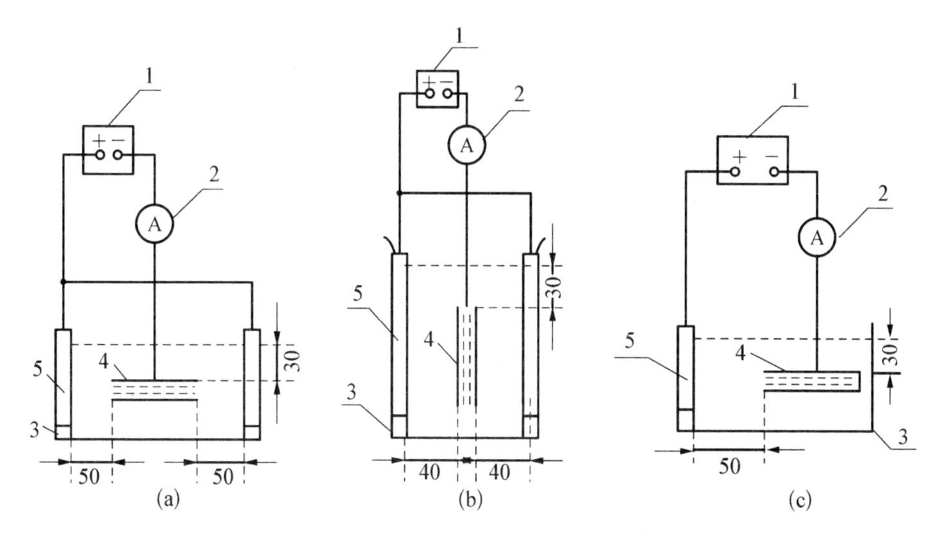

图 11－2　阴极不同悬挂方式的装置(尺寸单位:mm)

1—电源;2—电流表;3—镀槽;4—阴极;5—阳极

阴极有不同的悬挂方式，根据待测镀液的性质，阴极可以水平放置，使管的中心轴垂直于阳极(如图 11－2(a))，也可以垂直放置，使管的中心轴与阳极平行(如图 11－2(b))，还可以用 ϕ10 mm×50 mm 的阴极将其一端的内孔堵死(即形成盲孔)，水平放置，使其另一端内孔的中心轴垂直于单阳极(如图 11－2(c))。

将镀好的管状试样沿纵向剖开，测量阴极内孔壁上镀层长度(即镀入深度)，即可评定镀液的覆盖能力。也可用镀入深度与阴极内孔径的比值来评定镀液的覆盖能力，其比值越大，镀液覆盖能力越好。

三、实验内容

1. 酸性氯化钾光亮镀锌液的配方及工艺规范，工艺流程，并配制 1 000 mL 镀液：

(1) 镀锌液的配方：

	最佳值	范围值
$ZnCl_2$	70 g/L	60～80 g/L
KCl	200 g/L	180～220 g/L

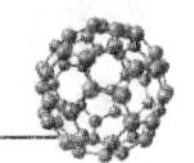

H_3BO_3	40 g/L	30～50 g/L
NDZ-1	20 mL/L	
pH 值	4.5～5.5	
温度	室温	
阴极电流密度	0.5～3.0 A/dm^2	

(2) 工艺流程：按配方的含量范围称取 $ZnCl_2$、KCl 并加水溶解(体积控制在300～400 mL) → 另取一烧杯，称取 H_3BO_3，加 200 mL 水并加热溶解 → 将完全溶解的 H_3BO_3 溶液倒入 $ZnCl_2$、KCl 混合液中搅拌均匀 → 加 1～2 g 活性炭颗粒进行加热搅拌，时间 30 min → 过滤 → 加入 20 mL NDZ-1 添加剂，加水至1 000 mL 备用。

镀锌的低铬钝化配方及操作条件，并配制 200 mL 钝化液：

镀锌层低铬钝化的配方及操作条件：

铬酐	5 g/L
硝酸	3 mL/L
H_2SO_4	0.3 mL/L
室温	2～5 秒

2. 用铜库仑计法测定镀锌溶液的阴极电流效率

配制 400 mL 镀锌溶液和 400 mL 铜库仑计溶液。

(1) 按实验装置图(图 11-1)接线；

(2) 用分析天平(精度为 0.1 感量)称取铜阴极和锌阴极质量；

(3) 按阴极面积计算试验电流，电流密度为 2 A/dm^2，电镀时间 20 min。

(4) 称取铜阴极和锌阴极的增重。

(5) 根据增重，计算 η。

3. 用内孔法测定镀溶液的覆盖能力

(1) 将配好的镀锌溶液倒入方槽中(约 600～700 mL)；

(2) 将 10 cm 长的紫铜管吊挂于导电棒上(两管口正对阳极)；

(3) 接好电解槽，电流设置为 1 A，时间 10 min。

四、实验结果与讨论

1. 用表格形式记录测定镀锌溶液的阴极电流效率和镀锌溶液的覆盖能力，并且注意必须注明实验条件。

2. 根据计算公式和实验原始数据，计算实验结果。

3. 结合生产实际，对实验结果进行分析讨论。

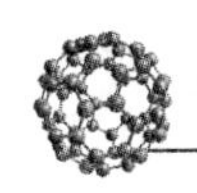

五、实验思考题

1. 氯化钾镀锌溶液的特点有哪些？H_3BO_3在镀液中起什么作用？
2. 在锌镀层低铬钝化前，为什么要进行出光处理？
3. 在什么情况下，要测定镀液的覆盖能力？

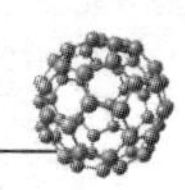

实验十二　化学镀镍及镀层性能测定

一、实验目的

1. 了解化学镀镍的简单原理和工艺条件。
2. 比较化学镀和电镀的优缺点。
3. 掌握化学镀镍(酸性或碱性)工艺。

二、实验原理

化学镀是不用外加电流，而利用化学还原作用的镀法，它是在镀液中加入某种化学药品作为金属的还原剂。在一定的条件下，金属离子还原为金属，而作为还原剂的药品则被氧化，它也被称为自催化镀或无电镀。

与电镀相比，化学镀具有镀层厚度均匀、针孔少、不需直流电源设备、能在非导体上沉积和具有某些特殊性能等特点，但成本比电镀稍高，主要用于不适于电镀的特殊场合。

化学镀溶液的成分一般包括金属盐、还原剂、络合剂、缓冲剂，pH 调节剂、稳定剂、加速剂、润湿剂和光亮剂等。

以次亚磷酸钠为还原剂的化学镀镍应用最为广泛，这类镀层有着非晶态的层状结构，含有一定数量的 Ni－P 合金，抗蚀、硬度高、易于钎焊等特点，主要用于化工设备的抗蚀镀层，复杂机械零件的耐磨镀层，电子元器件的钎焊镀层，电子仪器的电磁屏蔽层及非导体材料的表面金属化等。其镀液又分为酸性溶液和碱性溶液，酸性溶液的特点是稳定易控制，沉积速度较快，镀层含磷量高（7%～11%）碱性溶液的特点是 pH 值范围比较宽，镀层含磷量低（3%～7%），操作温度低，稳定性差，难以维护。一般以工件的使用要求来确定化学镀液的工艺规范。

电镀层的防护能力，不仅取决于镀层的种类、性质和结构，而且与镀层的孔隙率有关，因此，在评定镀层质量时，孔隙率测定是镀层检测的主要项目之一。

孔隙率为单位面积上针孔的个数。孔隙是由于基体金属(或中间层)表面存在不导电的部分，镀不上镀层；或是由于氢气泡的滞留等原因所致。

测定电镀层孔隙率的方法较多，常用方法有贴滤纸法、涂膏法、灌注法，另外盐雾腐蚀或加速腐蚀试验等对测定阴极镀层孔隙率也是很有效的。这些方法的基本原理是相同的，即在试件的表面以专用试液做化学处理，试液通过镀层孔隙与基体或下层镀层金属起化学反应，生成有颜色的化合物，然后，根据有色斑点数目来确定试件的孔隙率。

湿润滤纸贴置法(简称贴滤纸法)：将吸有一定化学试剂的滤纸贴在试样受测表面上，孔隙处滤纸上的试剂和底层金属作用，生成有色斑点。适用于测定外形简单的钢、铜和铜合金工件上镀铜、镍、镍-铬、铜-镍、铜-镍-铬和锡等单层或多层镀层的孔隙率，试验溶液可参阅有关手册。

测定方法一般是用浸过试验溶液的潮湿滤纸贴在经过清洁处理的试件表面上。滤纸与清洁表面之间应无气泡，必要时可用滴管向贴好的滤纸补加试液，使其在测定时间内保持湿润。到时间后，取下印有孔隙斑点的滤纸，用蒸馏水冲洗，放在清洁玻璃板上，干燥后计算斑点数目。

$$孔隙率 = n/s \qquad 个/\mathrm{cm}^2$$

式中　n——孔隙斑点数，个；

　　S——受检镀层面积，cm^2。

三次试验的算术平均值为检验结果。

三、实验内容

1. 选择化学镀镍液的实验配方及工艺参数；
2. 配制酸性化学镀镍和碱性化学镀镍溶液各 400 mL；
3. 在铁片和不锈钢材料上化学镀镍(比较结合力)；
4. 测定酸性化学镀镍液的沉积速率(重量法)；
5. 对化学镀镍层进行性能评价(如外观、光亮度、硬度等)；
6. 镀层孔隙率测定(湿润滤纸贴置法)。

四、实验结果及讨论

1. 对酸性化学镀镍和碱性化学镀镍两种工艺所得镀层质量进行评价；
2. 比较酸性化学镀镍和碱性化学镀镍的优缺点及适用范围。

五、实验思考题

1. 与电镀镍相比，化学镀镍有何优点？主要应用有哪些，请举例？

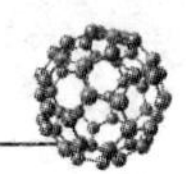

2. 影响化学镀镍沉积速度的因素有哪些?
3. 测定孔隙率有何意义?

附参考配方:

1. 酸性化学镀镍

$NiSO_4 \cdot 6H_2O$	25 g/L
$NaH_2PO_2 \cdot H_2O$	30 g/L
$Na_3C_6H_5O_7 \cdot 2H_2O$	15 g/L
$C_4H_6O_4$(丁二酸)	1 g/L
氨基乙酸	2 g/L
钼酸铵	4 ppm
T	85～90℃
pH	4.5～5.0

2. 碱性化学镀镍

$NiSO_4 \cdot 6H_2O$	25 g/L
NH_4Cl	30 g/L
NaOH	10 g/L
$NaH_2PO_2 \cdot H_2O$	30 g/L
T	40～60℃
pH	9～10

3. 孔隙率测定—湿润纸贴置法试验溶液(钢铁基体上镀化学镍)

铁氰化钾($K_3[Fe(CN)_6]$)	10 g/L
氯化钠(NaCl)	20 g/L
t	5 min

实验十三　铝及铝合金氧化膜的制备与着色

（综合实验）

一、实验目的

1. 掌握铝及铝合金阳极氧化的基本原理和着色工艺。
2. 熟练掌握铝阳极氧化、着色的工艺过程和操作技能。
3. 了解各工艺过程对氧化膜性能的影响。
4. 初步了解铝氧化膜质量检验测试方法。

二、实验原理

铝及铝合金阳极氧化是最常见的铝表面处理方法之一，目前已成为铝表面处理领域中最为重要的处理方法，得到了广泛的应用。它是利用电化学方法在铝表面形成一层转化膜。这种转化膜具有一定的硬度、耐磨性和耐蚀性，而且还具有一定装饰性，能够满足许多应用领域的技术要求。

1. 基本原理

以铝或铝合金制品为阳极置于电解质溶液中，利用电解作用，使其表面形成氧化铝薄膜的过程，称为铝及铝合金的阳极氧化处理。其装置中阴极为在电解溶液中化学稳定性高的材料，如铅、不锈钢、铝等。铝阳极氧化的原理实质上就是水电解的原理。当电流通过时，在阴极上，放出氢气；在阳极上，析出的氧不仅是分子态的氧，还包括原子氧(O)和离子氧，通常在反应中以分子氧表示。作为阳极的铝被其上析出的氧所氧化，形成无水的氧化铝膜，生成的氧并不是全部与铝作用，一部分以气态的形式析出。

铝及合金阳极氧化过程的电极反应

阳极反应：　$2Al+6OH^- = Al_2O_3+3H_2O+6e^-$（主要反应）

$2OH^- = 2H_2O+O_2\uparrow+4e^-$（次要反应）

阴极反应：　$2H^+ +2e^- = H_2\uparrow$

氧化膜是以针孔为中心的两层六棱体蜂窝结构组成的，外层是厚的多孔质层与基体金属之间的活性层，它是致密的 Al_2O_3层，有阻挡电流通过的作用。又

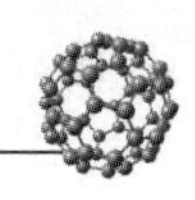

叫阻挡层(或叫作屏蔽层)。氧化膜是两种不同的化学反应同时作用的结果。一种是电化学反应,铝与阳极析出的氧作用生成 Al_2O_3,构成氧化膜的主要成分;另一种是化学反应,电解液将 Al_2O_3 不断地溶解。只有当生成速度大于溶解速度时,氧化膜才能顺利生长,并保持一定厚度。其形成过程可利用阳极氧化测得的电压-时间曲线分析(见图 13-1),过程分三个阶段:*AB* 段阻挡层形成、*BC* 段膜孔的出现、*CD* 段多孔层增厚。

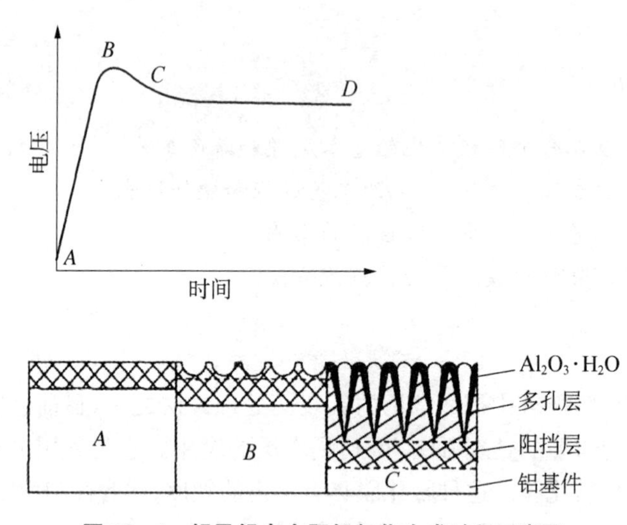

图 13-1 铝及铝合金阳极氧化生成过程示意图

阳极氧化电解溶液的选择:阳极氧化膜生长的一个先决条件是电解液对氧化膜应有溶解作用。但这并非说在所有存在溶解作用的电解液中阳极氧化都能生成氧化膜或生成的氧化膜性质相同。阳极氧化早已在工业上得到广泛的应用。常用的阳极氧化方法,按电解液分有硫酸阳极氧化法、硬质阳极氧化法、瓷质阳极氧化法、铬酸阳极氧化法、磷酸和草酸阳极氧化法等。本实验采用硫酸阳极氧化法。

2. 着色工艺

铝阳极氧化膜具有多孔性和可吸附性,是最理想的着色载体。通过着色不仅可以提高产品的装饰性和耐蚀性,同时给铝制品表面以各种功能特征,增加商业价值。

铝及其合金阳极氧化膜着色技术主要有化学着色法和电解着色法,化学着色法是基于多孔膜层有如纺织纤维一样的吸附染料能力而得以进行的,着色时染料被吸附在孔隙表面上并向孔内扩散、堆积,而且与氧化铝进行离子键、氢键结合而使膜层着色，经封孔处理，染料被固定在孔隙内。化学着色的目的在于装饰、标色，能获得范围广泛的色调，色泽鲜艳，但颜色的结合力及耐光性稍差，主要用于室内装饰、日常用小型铝制品的着色处理。电解着色法是通过电解使金属盐颗粒沉积在氧化膜孔隙的底部而着色，颜色的结合力和耐光性较好，但着色的均匀性、鲜艳程度和颜色品种都不及化学着色法。

3. 封闭处理

为了提高铝件质量和染着色牢固，着色后必须将氧化膜层的微细孔隙予以封闭，经过封闭处理后表面变得均匀无孔，形成致密的氧化膜。染料沉积在氧化膜内再也擦不掉，且经封闭后的氧化膜不再具有吸附性，可避免吸附有害物质而被污染或早期腐蚀，从而提高了阳极氧化膜的防污染、抗蚀等性能。封闭处理的目的在于将其多孔质层加以封闭，从而提高氧化膜的耐蚀、防污染、电绝缘等性能。常用的着色后的封孔方法有水合封孔、无机盐溶液封孔、透明有机涂层封孔。

4. 氧化膜性能检测

主要检查氧化膜的厚度、绝缘性和耐蚀性。

三、实验仪器、材料与试剂

1. 实验仪器、材料：稳压直流电源、膜层测厚仪、恒温水浴、电阻器、电流表、烧杯（1 L 2 个、500 mL 2 个、300 mL 4 个）、铝试样、铅板、温度计、pH 广泛试纸、若干导线、电吹风（1 000 W）、电炉（1 000 W）。

2. 实验试剂：金属清洗剂、H_2SO_4（d ＝1. 84）、HCl（d ＝1. 19）、HNO_3（3%～5%）、氢氧化钠、碳酸钠、磷酸钠、茜素红、茜素黄、硫酸镍、硫酸锰、硼酸、钨酸钠、酒石酸、重铬酸钾、各种染料。

四、实验内容

为了获得表面装饰效果，在铝合金型材电解着色之前，必须进行表面预处理。预处理的好坏，直接影响电解着色的质量。

其一般工艺流程如下：除油 → 水洗 → 出光（退膜） → 水洗 → 碱腐蚀 → 水洗 → 活化处理 → 阳极氧化 → 水洗 → 化学着色或电解着色 → 水洗 → 封闭 → 干燥 → 氧化膜性能检测。

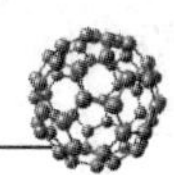

1. 碱除油(或金属清洗剂)

NaOH	6～10 g/L	温度	25～35℃
Na_3PO_4	30～45 g/L	时间	30～40s
Na_2CO_3	10～12 g/L		

2. 出光

HNO_3　5%
时间　黑膜褪尽为止
温度　常温

经以上酸腐蚀之后的铝合金制件,必须立即用水清洗掉其表面的残液。

3. 阳极氧化

硫酸阳极氧化工艺:以铅作阴极,铝试样作阳极

硫酸	15%～20%	电流密度	1.0～2.0 A/dm^2
电压	10～20 V	时间	20～30 min
温度	常温		

取出铝试样用自来水冲洗,洗好后在冷水中保护。阳极氧化后的铝合金制件,需经二次水洗,要严格控制掌握水洗槽的 pH 值,pH 值一般控制在 4～5,严禁超标。以免影响后续着色处理。

4. 着色处理

(1) 化学着色

将阳极氧化好的试样,作化学染色试验,染色溶液有:

颜色	染料名称	含量 g/L	pH	温度	处理时间(min)
粉红色	活性艳红 S-3B	5～10	8.0～9.0	30～50℃	2～5
橙色	茜素红 茜素黄	0.1～0.2 0.04～0.08		50～60℃	1～5

(2) 电解着色

镍-锰体系着色液

硫酸镍	10 g/L	电压	16 V
硫酸锰	10 g/L	温度	45℃～55℃
硼 酸	20 g/L	时间	5 min

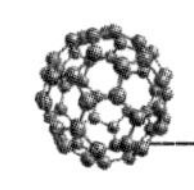

LN－I	40 g/L	对极材料石墨(或镍板)	

石墨黑着色工艺(2024 铝合金):

硫酸镍	10 g/L	着色电压	4.5 V
钨酸钠	5 g/L	着色时间	10 min
酒石酸	4 g/L		

表面均匀光亮,膜层的耐蚀性好。

5. 封闭处理

(1) 热水封闭:将着色的试样用水冲洗干净后,放在沸水中进行封闭处理,约 20～30 min 后,即可得到更加致密的氧化膜。

(2) 重铬酸钾封闭:重铬酸钾 60～100 g/L,温度 90～95℃,时间 15～25 min,用碳酸钠调 pH 为 6～7。(不适合于经过染色的氧化膜)

6. 氧化膜质量检验

(1) 氧化膜厚度检验:采用涡流法多点测试氧化膜厚度。

(2) 绝缘性检验:将氧化后的铝片经自来水、蒸馏水冲洗干净后放入沸水中煮,水的 pH 值应控制在 4.5～6.5 之间,时间为 10 min,煮沸后取出,放入无水酒精中数秒后再晾干。用万用电表测定水封后的铝片表面两点间电阻的差别来比较。

或由干电池、小灯泡、万用电表和铝试片组成一个闭合回路,实验氧化后的铝试片的绝缘性能。

(3) 耐蚀性检验:将试样干燥后,分别在没有氧化和已被氧化之处各滴 1 滴氧化膜质量检验液,以氧化膜表面检验液的颜色由橙色变为绿色为标准计时。绿色出现时间越迟,氧化膜质量越好。记录液滴开始变色所需时间。

注:检验液配方:盐酸 25 mL,重铬酸钾 3 g,蒸馏水 75 mL。

五、实验思考题

1. 铝及合金阳极氧化的原理和工艺流程与金属电镀有何不同?

2. 实验时若将镍片当作铝片进行阳极氧化,试问将发生什么反应?有何现象产生?

3. 阳极氧化后的着色处理有何作用?

4. 如何检验铝及合金阳极氧化所得膜的绝缘性和耐蚀性?并对结果进行讨论。

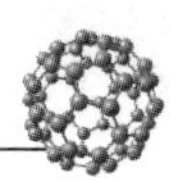

实验十四　锌镀层耐蚀性的评定

一、实验目的

1. 掌握中性盐雾试验(NSS试验)评定镀层耐蚀性等级的方法。
2. 了解中性盐雾试验的适用范围、试验设备及条件。
3. 评定钢铁基体上锌镀层的耐蚀性。

二、实验原理

金属镀层的人工加速腐蚀试验，主要是为了快速鉴定金属镀层的质量，如孔隙率、厚度是否达到要求，镀层有否缺陷，镀前预处理和镀后处理的质量等，同时也用来比较不同镀层抗大气腐蚀的性能(但不能反映大气条件下的使用寿命)。人工加速试验的腐蚀条件，应能保证镀层的腐蚀特征和大气条件下的腐蚀过程相仿，它有别于化学工业气体和化学溶液的直接腐蚀。

1. 适用范围

中性盐雾试验是目前应用最广泛的一种人工加速腐蚀试验，它适用于防护性镀层(如镀锌层、镀镉层等)的质量鉴定和同一镀层的工艺质量比较，但不能作为镀层在所有使用环境中的抗腐蚀性能的依据。

2. 溶液组分

常用的有以下几种：3％的氯化钠溶液，5％的氯化钠溶液，20％的氯化钠溶液，模拟海水溶液(NaCl27 g/L、$MgCl_2$ 6 g/L、$CaCl_2$ 1 g/L、KCl 1 g/L)，溶液均用化学纯试剂和蒸馏水配制。

试验证明，以上溶液各有其优缺点。20％NaCl溶液在试验过程中，由于水分蒸发容易造成喷嘴堵塞；模拟海水的加速腐蚀作用虽略逊于前者，不易出现喷嘴堵塞现象，但组分太多，配制比较烦琐；3％NaCl和5％NaCl溶液加速腐蚀作用接近于模拟海水，而且组分简单，所以采用较多，特别是5％NaCl溶液，在国内外广泛采用。

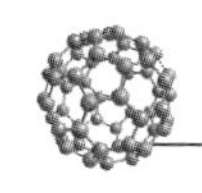

3. 试验设备

用于制造试验设备的材料，必须抗盐雾腐蚀和不影响试验结果。箱的容积不小于 0.2 m^3，最好不大于 0.4 m^3。聚集在箱顶的液滴不得落在试样上；要能保持箱内各个位置的温度达到规定的要求，温度计和自动控温元件，距箱内壁不小于 100 mm，并能从箱外读数；喷雾装置应包括喷雾气源、喷雾室和盐水储槽 3 个部分。压缩空气经除油净化，进入装有蒸馏水，其温度高于箱内温度数度的饱和塔而被湿化，再通过控压阀，使干净湿化的气源压力控制为 70～170 kPa。喷雾室由喷雾器盐水槽和挡板组成。盐雾箱外形图，如图 14－1 所示。

图 14－1　盐雾箱外形图

三、实验仪器与试剂

1. 实验仪器：盐雾试验箱、酸度计、计时器、过滤装置、量筒。
2. 实验试剂：二甲苯、乙醇、氯化钠、盐酸、氢氧化钠、待测试样。

四、实验内容

1. 试验溶液的配制

将分析纯的氯化钠溶于蒸馏水中或去离子水中，其浓度为(50 ± 5)g/L，溶液的 pH 为 6.5～7.2，使用前需过滤。

2. 试验条件

试验温度：　(35 ± 2)℃　　降雾量：　1～2 mL/h(每 80cm^2)
相对湿度：　>95%　　喷雾时间：　连续喷雾
盐水溶液 pH：　6.5～7.2　　喷嘴压力：　0.8～1.4kg/cm^2

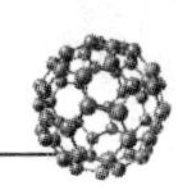

3. 测试

(1) 同样试样至少有 3 件，但也可根据具体条件确定；

(2) 试验前必须对试样进行洁净处理(如用 1∶4 的二甲苯-乙醇溶剂消除镀层上的油污)，但不得损坏镀层和镀层上的钝化膜；

(3) 试样在盐雾箱中一般有垂直悬挂或与垂直线成 15°～30°角两种放置方式。试样支架用玻璃或塑料等材料制造，支架上的液滴不得落在试样上；

(4) 同一次试验放置方法应相同，外形复杂的零部件，放置角度较难规定，但要求同类试样在重复试验时，前后必须一致。试样间距不得小于 20 mm；

(5) 喷雾时间常用下列两种方法：① 每天连续喷雾 8 h，停止喷雾 16 h，24 h 为 1 周期。停止喷雾时间内，不加热，关闭盐雾箱，自然冷却。② 间断喷雾 8 h(每小时喷雾 15 min，停喷 45 min)，停止喷雾 16 h，24 h 为 1 周期。停止喷雾时间内，不加热，关闭盐雾箱，自然冷却。

试验时间应按被测镀层或产品标准的要求而定；若无标准，可经有关方面协商决定。推荐的试验时间为 2 h、6 h、16 h、24 h、48 h、96 h、240 h、480 h、720 h、960 h。

五、实验结果与讨论

试验结束后，用流动冷水冲洗试样表面上沉积的盐雾，干燥后进行外观检查和腐蚀等级的评定。

通常试验结果的评价标准应由待测镀层的产品标准提出。就一般试验而言，常规记录的内容有 4 个方面：① 试验后的外观；② 去除腐蚀产物后的外观；③ 腐蚀缺陷，如点蚀、裂纹、气泡等的分布和数量；④ 开始出现腐蚀的时间。其中前三个方面可采用 GB/T 6461 - 2002 标准所规定的方法进行评定。

以盐雾试验腐蚀等级的评定为例。将透明的划有方格(5 mm×5 mm)的有机玻璃板或塑料薄膜盖在测试镀层的主要表面上，则镀层主要表面被划分成若干方格，数出方格总数，假设为 N，并数出镀层经过腐蚀试验后有腐蚀点的方格数，设为 n，则其腐蚀率的计算见下式：

$$腐蚀率=n/N \times 100\%$$

式中 n——腐蚀点占据格数；

N——覆盖主要面积的总数。

若有 10 个或 10 个以上的腐蚀点包含在任意两个相邻的方格中，或有任何腐蚀点的面积大于 2.5 mm^2，则此试样不能进行评级。评定级别中，10 级最好，

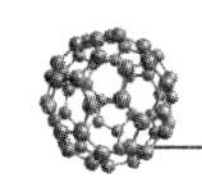

0 级最差。例如，某产品经盐水喷雾试验后，按评级方法进行评级，其覆盖主要面积为 164 格(N)，腐蚀点占据 3 格，则腐蚀率＝3/164×100％＝1.8％，腐蚀评定结果为 6 级。

根据基体腐蚀和镀层腐蚀又可分为基体耐蚀和镀层耐蚀。常见的腐蚀现象有：① 电镀钢铁件——呈现红色；② 电镀锌压铸件——呈现白色腐蚀产物或起泡；③ 阳极氧化铝件——呈现腐蚀点或腐蚀产物。

腐蚀率对应的级别见表 14－1。

表 14－1　按照腐蚀率确定的级别

腐蚀率/％	评定等级	腐蚀率/％	评定等级
0(无腐蚀点)	10	4～8	4
0～0.25	9	8～16	3
0.25～0.5	8	16～32	2
0.5～1	7	32～64	1
1～2	6	＞64	0
2～4	5		

对产品形状复杂的小零件，在进行腐蚀评价有困难时，允许以“个”数来评定。

良好：① 色泽无变化或轻微变暗；② 镀层和基体金属无腐蚀。

合格：① 色泽暗淡，镀层已出现连续的均匀或不均匀氧化膜；② 镀层腐蚀面积小于 3％。

不合格：① 镀层腐蚀面积大于 3％(不包括 3％在内)；② 基体金属出现锈点。

注意事项

(1) 盐雾试验设备内的结构材料不应影响盐雾的腐蚀性能。盐雾不得直接喷射在试样上，箱室顶部的凝聚盐水液不得滴在试样上，从设备四壁落下的液滴不得重新使用。

(2) 相对湿度大于 95％，达不到此要求时，可在箱底适当加水，以补充箱内空间水分。

(3) 盐水溶液的 pH 控制为 6.5～7.2(pH 用酸度计测量)，pH 过高或过低时，可用化学纯的稀盐酸或稀氢氧化钠溶液调整。

(4) 降雾量控制为 1～2 mL/h(每 80 cm^2)。降雾量的测定方法：将四个集

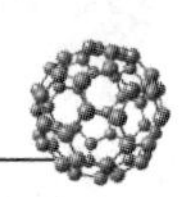

雾器(可用直径为 10 cm,截面积为 80 cm^2 的玻璃漏斗,通过塞子插入量筒中)放置在盐雾箱内的不同部位,其中一个应紧靠近喷嘴。开动盐雾箱连续喷雾 8 h,计算 80 m^2 的集雾器每小时平均降雾的毫升数。

(5) 试样应在腐蚀试验完毕并进行处理后立即检查,如有必要,需将腐蚀介质的残余物除去,此时可用流动水冲洗之后再做检查。

(6) 在某些情况下需将腐蚀产物除去,可采用物理的方法,例如,用湿的棉花擦洗,但要小心不要损坏镀层,以便准确地评价腐蚀点。

(7) 凡要进行级别考核或 8 级以上考核的产品,其主要表面应≥400 个考核面积,总面积相当于 1 dm^2 或以上,单个试件的面积较小者,则以多个总和以达到前述的面积。

六、实验思考题

1. 试述中性盐雾试验的适用范围。
2. 中性盐雾试验能否单独对镀层质量做出鉴定?
3. 中性盐雾试验常用的溶液组分有几种? 各自有何特点?
4. 中性盐雾试验试样的放置方式如何? 对测量结果有何影响? 其评价标准是什么?

附:评定镀层耐蚀性名称的定义

1. 主要表面:它是指镀层要起主要保护作用的表面或受腐蚀试验的表面。该表面应在产品标准中注明或在试验时商定。

2. 镀层腐蚀:它是指镀层的泛点变色,不包括变暗。泛点变色一般不易擦去且与整个表面有明显界限,变暗则易于抹亮与整个表面无明显界限。

3. 基体腐蚀点:它是指穿透镀层的基体金属腐蚀点,其大小不包括随同出现的锈迹。腐蚀点不易擦去,而锈迹则易于抹除。

4. 考核面积:它是人为划定 5 mm^2 的面积作计算用,此考核面积一般应取在产品的主要表面上。

5. 边缘面积:当计算方格数 N 时,位于测试边缘的方格,超过 1/2 及其以上者,以一个方格计算,不到者略去不计。

实验十五　镀锌液的故障分析

一、实验目的

1. 通过实验了解霍尔槽、哈林槽在电镀工艺性能试验方面的应用。
2. 掌握霍尔槽、哈林槽的基本原理、实验操作和结果分析。
3. 了解电镀过程中添加剂的作用。
4. 分析镀锌溶液的故障。

二、实验原理

1. 霍尔槽

也称梯形槽，是电镀工艺中最常用、最直观、半定量的一种实验方法。它可以简便且快速的测试镀液性能、镀液组成和工艺条件的改变对镀层质量产生的影响，如合适的电流密度范围、工作温度和 pH 值等。通过此实验，通常可以确定镀液中各种成分的合适用量，选择合适的工艺条件，判定镀液中添加剂或杂质的大致含量，分析、排除实际产生过程中出现的故障，测定镀液的分散能力。因此，霍尔槽试验在维护正常生产和电镀新工艺试验中获得了广泛的应用。

梯形槽实验由 R. O. Hull 在 1935 年提出，1939 年被定型并列入美国专利。它是利用电流密度在远、近阴极上分布不同的特点而设计出来的。霍尔槽的结构如 15 - 1 所示。容量主要有 1 000 mL 和 267 mL 体积两种，一般在 267 mL 的 Hull 槽中加入 250 mL 镀液，便于折算镀液中添加物种的含量。由于阴、阳极距离有规律的变化，在固定外加总电流时，阴极上的电流密度分布也发生有规律的变化。

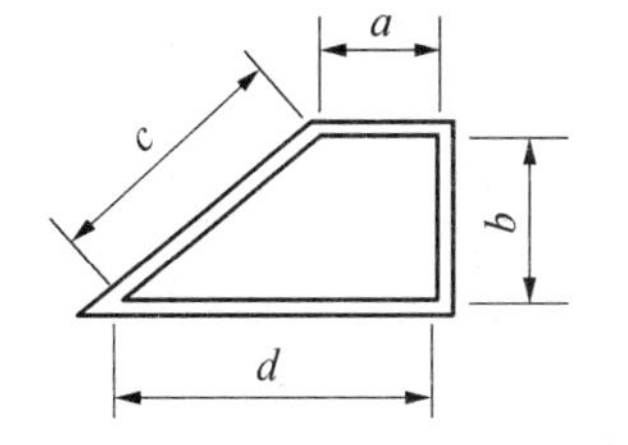

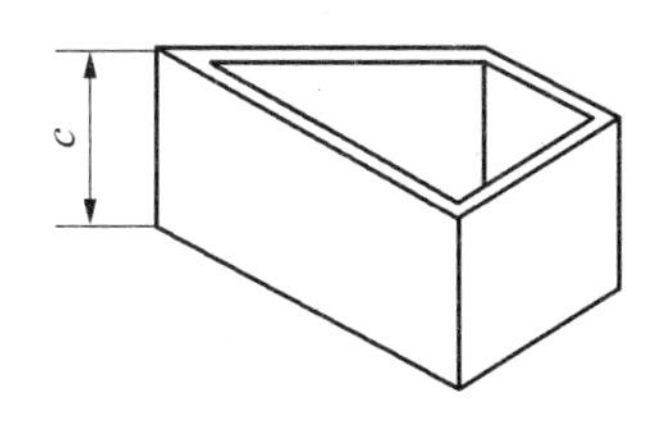

图 15 - 1　霍尔槽的基本结构

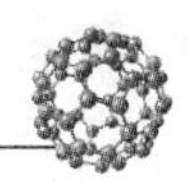

其测定原理利用霍尔槽中阴极各部位与阳极的距离不同，相应的电流密度也不相同的原理测试电镀溶液的性能和影响镀层质量的因素。

（1）阴极各部位电流密度的计算

在霍尔槽中，阴极各部位到阳极的距离不同，相应各部位的电流密度也不一样。在离阳极远的一端（称为远端），电流密度最小，随着阴极与阳极之间距离的减小，电流密度逐步增大，直至离阳极近的一端（称为近端），电流密度最大。

阴极上各部位的电流密度，可用下列经验公式计算：

$$D_K = I\ (C_1 - C_2 \log L)$$

式中 L——阴极上某部位距阴极近端的距离，cm；

I——试验时的电流强度，A；

D_K——阴极上某部位相应的电流密度，A/m^2（A/dm^2）；

C_1，C_2——与镀液性质有关的常数。

作为参考，对于 267 mL 的霍尔槽，可取 $C_l = 5.10$，$C_2 = 5.24$；1 000 mL 的霍尔槽，可取 $C_1 = 3.26$，$C_2 = 3.04$。由上式计算出电流密度的近似值。另外，由于靠近阴极两端计算的电流密度误差较大，一般建议取距两端 1 cm 以上处的数值。

实用中为了便于观测，可根据上式绘制“霍尔槽试验样板电流密度标尺”，直接量出霍尔槽试片上某部位的电流密度值。

（2）阴极试片镀层外观表示方法

为了正确评定霍尔槽试验结果，一般选取阴极试样上镀层横向中线偏上约 10 mm 的一段部位（见图 15 - 2）作为试验结果来评定镀层质量，并用图 15 - 3 所示的符号分别表示镀层的外观，某些有代表性的试片，可涂以清漆，保存备查。

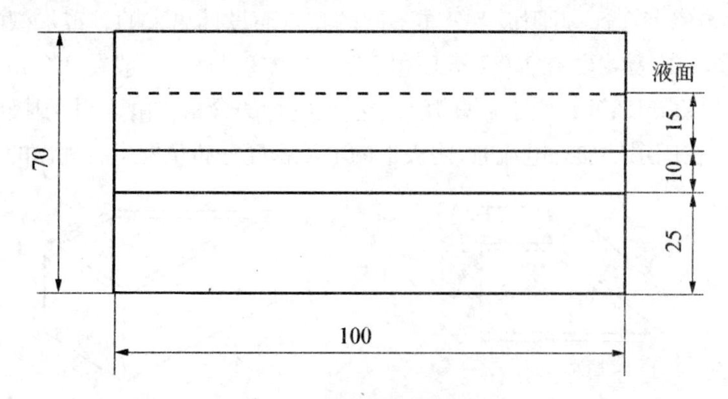

图 15 - 2 阴极试验结果部位选取（267 mL 槽）

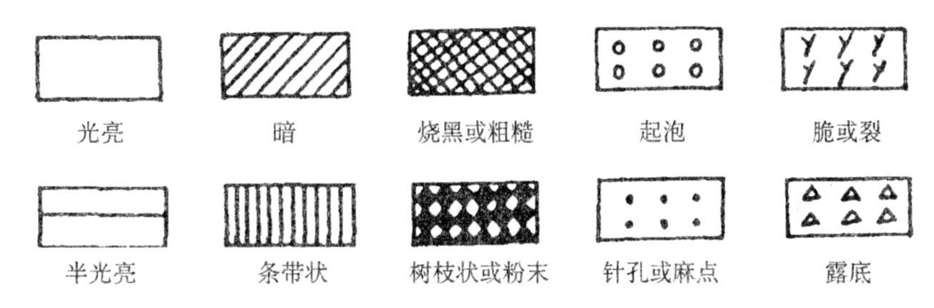

图 15-3　镀层外观常用表示符号

2. 哈林槽

所谓的分散能力(或称均镀能力)是指电解液使工件表面镀层厚度均匀分布的能力。目前测定分散能力的方法有远、近阴极(哈林槽)、弯曲阴极法和用霍尔槽测定分散能力。应用最多的是用哈林槽测定分散能力。

分散能力在特定条件下,镀液使电极(通常是阴极)上镀层分布比初次电流分布更为均匀的能力。

远近阴极法测分散能力多在哈林槽中进行,如图 15-4 所示。

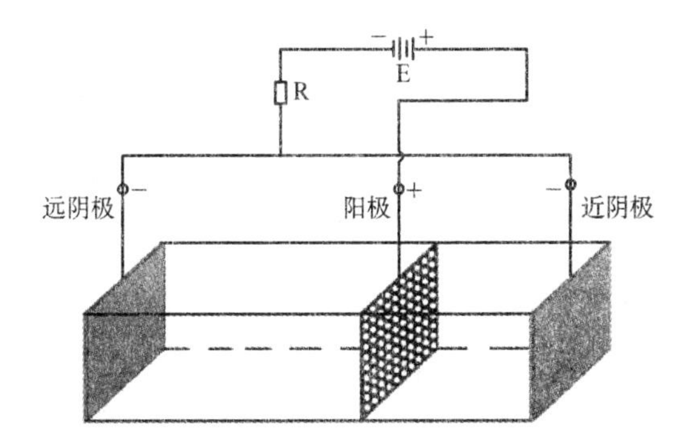

图 15-4　远近阴极法测分散能力装置示意图

将两块面积相同的阴极(通常用覆铜板)放在距阳极不同距离的位置(两距离成简单整数比),电镀若干时间后取出阴极试片,称取远、近两个阴极上镀层的重量,按下式计算分散能力:

$$T=\frac{K-(m_1/m_2)}{K+(m_1/m_2)-2}\times 100\%$$

式中　T——分散能力;

K——远近阴极与阳极间距离之比;

m_1——近阴极增重,g;

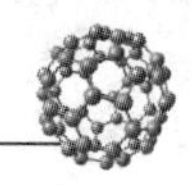

m_2——远阴极增重,g。

式中计算出的分散能力数值在-100%~+100%之间,数值越大,表明分散能力越好。

本实验使用哈林槽测定酸性镀锌溶液的分散能力。

三、实验仪器与试剂

1. 实验仪器:直流稳压电源,霍尔槽,哈林槽,锌阳极,网状锌阳极,铁试样(100×70 mm),覆铜板。

2. 实验试剂:酸性氯化钾镀锌溶液,NDZ-1添加剂,杂质离子试剂(1#液、2#液、3#液、(50×70 mm)4#液)。

四、实验内容

1. 霍尔槽实验

(1) 酸性氯化钾镀锌溶液1 L。

(2) 光亮剂用量的影响(基液;5 mL添加剂;10 mL添加剂;20 mL添加剂)工艺参数:1 A,5 min。

(3) 杂质离子的影响,并根据霍尔槽样板判断是何种杂质离子。(1#液、2#液、3#液、4#液)

(4) 按标准正确绘出霍尔槽试片外观图,并注明实验条件。

2. 哈林槽实验(重量法)

(1) 酸性氯化钾镀锌液约300 mL,网状锌阳极,电流密度为1.5 A/dm^2。

(2) 用K=3、K=2,测定酸性氯化钾镀锌液分散能力。

(3) 电镀时间为30 min。

3. 实验结果讨论与分析

按标准要求分析对比各样板镀层状况,判断镀液故障所在。

五、实验思考题

1. 霍尔槽试验一般能解决什么问题?
2. 霍尔槽试验条件有何规定?
3. 哈林槽为什么要采用网状阳极?
4. 对霍尔槽试片的图形如何进行评价?

实验十六　光亮镀镍工艺及镀液主要成分分析

（综合实验）

一、实验目的

1. 了解镀镍层的性质和用途。
2. 掌握光亮镀镍工艺过程的基本操作技能。
3. 熟悉电镀小试的实验装置和仪器设备。
4. 掌握镀液的成分分析和镀层质量分析方法及故障判断解决方法。

二、实验原理

镍是一种极为有用的，略带米黄色的银白色金属。镍的抗腐蚀性比较好，镀在钢铁制件上可以防止生锈；具有良好的抛光性和耐磨性，而且它能够高度磨光，在空气、碱和某些酸中很稳定。镍的标准电极电势比铁正，所以在铁上镀镍属于阴极性镀层，常作为防护-装饰性电镀的底层或中间层，镀光亮镍有很多优点，不仅可以省去繁重的抛光工序，改善操作条件，节约电镀和抛光材料，还能提高镀层的硬度，便于实现自动化生产。

电镀光亮镍镀液的主要成分包括主盐、缓冲剂、导电盐、光亮剂，一般光亮剂由两种或三种物质组合，它们的功能也稍有区别，有的只起光亮作用，有的具有光亮和整平作用，而辅助光亮剂则起着提高出光速度和整平速度的作用。

电镀层质量的好坏，直接关系到产品的使用性能和使用寿命。因此，电镀层性能的检测是电镀加工过程中不可缺少的环节。

评定电镀层质量的方法有两类：一类是让镀件在使用情况下进行实际考核，这是最准确的方法，但试验时间较长；另一类是人工模拟使用时的条件或选择性地测定某些关键性能，

这类方法虽不完全符合实际情况，但由于试验时间短，可及时地指导生产。

电镀层性能的测定项目较多，因电镀件的使用目的不同，所需测定的项目亦不同，并非所有镀层均需进行所有项目的测定。主要包括：外观检查、镀层结合力、镀层厚度及孔隙率、耐腐蚀性能、机械性能（硬度、脆性、结合强度等）、金相结

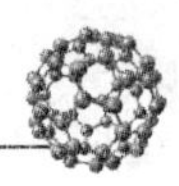

构、其他特殊性能(如电学、光学、磁学性能等)。

1. 外观检测

表面平整、光亮、无针孔、鼓泡、镀层脱落现象。

2. 镀层结合力

镀层与基体金属的结合力是指单位表面积上的金属镀层剥离金属基体(或者中间镀层)时所需的力。有时结合力又称结合强度,一般用 kg/mm^2 表示。结合力的大小意味着电沉积层黏附在基体金属上的牢固程度。结合力的好坏,对所有的金属表面保护层的防护、装饰性能及其他功能均有直接的影响,它是金属镀层质量的重要检验指标之一,其中弯曲试验是最常见的结合力测定方法。弯曲试验就是弯曲挠折具有覆盖层的镀件。一般用手或夹钳把镀件尽可能快地弯曲,先向一边弯曲,然后再向另一边弯曲,直至把镀件弯断为止。基体和镀层一起断裂。观察断口处附着情况,必要时可用小刀剥离,此时镀层不应起皮、脱落;或者用放大镜检查,基体与镀层间不允许分离。

3. 镀层孔隙率

孔隙率为单位面积上针孔的个数。即在试件的表面以专用试液做化学处理,试液通过镀层孔隙与基体或下层镀层金属起化学反应,生成有颜色的化合物,然后,根据有色斑点数目来确定试件的孔隙率。孔隙率测定是对镀层的防护能力的检测。测定电镀层孔隙率的方法较多,常用方法有贴滤纸法、涂膏法、灌注法。

镀层质量的好坏与镀液中主要成分的含量密切相关。因此,电镀溶液的化验分析是检验其组分配比正常与否不可缺少的重要手段,需定期予以化验分析,并及时予以调整,使镀液在良好的条件下备用。在镀光亮镍溶分析中,主要控制硫酸镍、氯化镍、硼酸的含量。

三、实验仪器与试剂

1. 实验仪器:电源、变阻器、镍板、电镀槽、台钳、钢铁试片(2cm×2cm);

2. 实验试剂:硫酸镍、氯化镍、硼酸、铁氰化钾、氯化钠、EDTA 标准溶液($0.05\ mol\cdot L^{-1}$)、缓冲溶液(pH=10)、紫脲酸铵指示剂、氯化铵(固体)、铬酸钾溶液(1%)、硝酸银标准溶液($0.1\ mol\cdot L^{-1}$)、甘油混合液、氢氧化钠标准溶液($0.1\ mol\cdot L^{-1}$)。

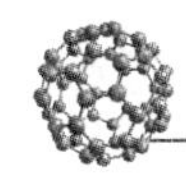

四、实验内容

1. 光亮镀镍工艺

按工艺配方配制光亮镀镍溶液。

电镀光亮镍的工艺规范：

硫酸镍	250 g・L^{-1}	阴极电流密度	2～4 A・dm^{-2}
氯化镍	40 g・L^{-1}	温度	55～60℃
硼 酸	40 g・L^{-1}	pH	3.8～4.5
光亮剂	若干	时间	15～20 min

2. 镀层性能测试

(1) 外观检测：目视测定

(2) 结合力：用弯曲试验进行结合力测试

(3) 孔隙率：湿润滤纸贴置法测定镀层的孔隙率

钢铁基体上镀镍的试液配方：铁氰化钾 10 g・L^{-1}，氯化钠 20 g・L^{-1}，时间 5 min。

方法：用浸过试液的潮湿滤纸贴在经过清洁处理的试件表面上。滤纸与清洁表面之间应无气泡，必要时可用滴管向贴好的滤纸补加试液，使其在测定时间内保持湿润。到时间后，取下印有孔隙斑点的滤纸，用蒸馏水冲洗，放在清洁玻璃板上，干燥后计算孔隙数目。

3. 镀液中主要成分分析

(1) 总镍的测定：吸取镀液 10 mL 于 100 mL 容量瓶中(相当于吸取镀液 1 mL)，加水稀至刻度。吸取此稀液 10 mL 于 250 mL 锥形瓶中，加水 80 mL，缓冲溶液 10 mL，少量紫脲酸铵指示剂，以 0.05 mol・L^{-1} EDTA 滴定至由黄色恰转紫色为终点。

(2) 氯化物的测定：吸取上述稀液 10 mL 于 250 mL 锥形瓶中，加水 50 mL 及 1%铬酸钾溶液 3～5 滴，用 0.1 mol・L^{-1}标准硝酸银滴定至最后一滴硝酸银使生成的白色沉淀略带砖红色为终点。

(3) 硼酸的测定：吸取上述稀液 10 mL 于 250 mL 锥形瓶中，加水 10 mL，加甘油混合液 25 mL，以 0.1 mol・L^{-1}氢氧化钠液滴定至溶液由淡绿变灰蓝色为终点。

注：① 滴定时，溶液中加入柠檬酸钠以防止镍生成氢氧化镍沉淀。铵盐对

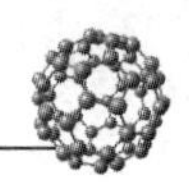

强碱起缓冲作用(铵盐和强碱生成弱碱氨),大量铵盐存在时,可使结果偏高。② 终点变化由淡绿→灰蓝→紫红。若灰蓝色终点不易控制,可滴定至紫红再减去过量的毫升数(约 0.2 mL)。

五、实验数据处理与分析

1. 镀层性能测试结果分析
2. 镀液主要成分分析

六、实验思考题

1. 加入少量的光亮剂,镀层质量明显提高,分析其机理。
2. 若镀层结合力不好,可能是什么原因造成的?

附:

1. EDTA 标准溶液(0.05 mol·L^{-1})的配制与标定

配制:EDTA20 克,以水加热溶解后,冷却,稀释至 1 L。

标定:称取分析纯金属锌 0.4 g(四位有效数字)于 100 mL 小烧杯中,以少量 1∶1 盐酸溶解(加盖小表面皿于小烧杯上),加热使溶解完全,冷却,移入 100 mL 容量瓶中,加水稀释至刻度,摇匀。用移液管吸取 25 mL 于 250 mL 锥形瓶中,加水 50 mL,以氨水调节至微氨性,加入 pH=10 的缓冲溶液 10 毫升及铬黑 T 指示剂少量,摇匀以配制好的约 0.05 mol EDTA 标准溶液滴定至红色变兰色为终点。

$$M=\frac{P\times\frac{25}{100}\times 100}{V\times 65.38}$$

式中 M——标准 EDTA 溶液摩尔浓度;
V——耗用标准 EDTA 溶液的毫升数;
P——锌重(g)。

2. 缓冲溶液(pH=10)

溶解 54 g 氯化铵于水中,加入 350 mL 氨水(比密度 0.89),加水稀释至 1 L。

3. 标准 0.1 mol·L^{-1} 硝酸银溶液

配制:取分析纯硝酸银于120℃干燥2 h,在干燥器内冷却,准确称取17.000 g,溶解于水,在容量瓶中稀释至1 000 mL,储于棕色瓶中,不需要标定。

4. 0.1 mol·L^{-1} 氢氧化钠标准溶液

配制:称4.0 g氢氧化钠溶于水,稀释至1 L。

标定:称取在120℃干燥过的分析纯邻苯二甲酸氢钾0.4~0.5 g(四位有效数字)于250 mL烧杯中,加水100 mL,温热使它溶解,加入酚酞指示剂2滴,用配制好的氢氧化钠溶液滴定至粉红色为终点。

5. 甘油混合液

称柠檬酸钠60 g溶于少量水中,加入甘油600 mL、加入2 g酚酞(溶于少量温热乙醇)的溶液,加水稀释至1 L。

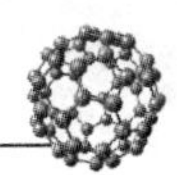

实验十七 叶脉电镀

一、实验目的

1. 学会制备叶脉电镀方法。
2. 了解叶脉表面金属化和装饰电镀的基本原理。
3. 掌握叶脉表面金属化和装饰电镀的工艺流程和操作要领。

二、实验原理

叶脉电镀又称树叶装饰电镀，是在精选具有艺术性、硬而密脉络的树叶，如桂花树叶，经去除叶绿素露出叶脉，再经表面金属化后进行电镀加工。这些树叶经过整型、加工后，既能保持树叶原有的逼真原状，又能体现电镀后的高雅华贵，可长期保存，是一种艺术性很强的、又能丰富人们文化生活的新型装饰工艺品。

一般来说，叶脉装饰电镀主要工艺分为：叶脉处理、表面金属化及装饰电镀三大部分。对树叶装饰电镀中的叶脉处理、表面金属化及装饰电镀等有关技术进行系统研究，以得到表面光亮、具有一定艺术欣赏价值的工艺技术。

1. 叶脉处理

叶脉处理是将新摘下来的树叶在碱性水溶液浸泡作用下，去除叶绿素而使表面呈现出较为完整的自然叶脉形态的过程。树叶要选择叶脉硬而挺、立体感强、造型美观、具有一定欣赏价值的。通常的做法是将树叶浸泡在氢氧化钠溶液若干天，这样做时间长，腐蚀程度不易掌握，经试验发现，若在氢氧化钠溶液中适当加入一些碳酸钠并加热煮之，可促使叶绿素迅速脱落，以树叶绿色转为黄绿色为好。清洗煮好的树叶仍会有少部分叶绿素残留在叶脉上，就必须用软毛刷沿叶脉轻轻刷洗，以叶脉完好无损为合格。

2. 表面金属化

表面金属化是将一般非金属材料表面能导电的处理方法，为下步电镀做好准备，可通过敏化、活化、还原、化学镀等工艺处理后来实现导电性能。

3. 装饰电镀

经整型、表面金属化后，叶脉具有一定的导电性能，通过装饰电镀(如光亮镀铜或光亮镀镍、镀金等)进行表面修饰，这样经装饰电镀后的树叶可制成胸针、发夹等新型、高档饰品；又可根据树叶形状对拼成欣赏性、艺术性较强的工艺品。

三、实验仪器与试剂

1. 实验仪器：直流稳压电源、烧杯、电炉、镊子、玻璃片、铜棒(导电棒)、铜阳极和镍阳极、导线若干。

2. 实验试剂：无水乙醇、盐酸、碳酸钠、氢氧化钠、氯化亚锡、氯化钯、硫酸镍、次亚磷酸钠、柠檬酸三钠、氯化铵、硫酸铜、硫酸、十二烷基硫酸钠、聚乙二醇、氯化镍、硼酸、糖精钠。

四、实验内容

1. 叶脉表面处理

(1) 叶片的选择：选择叶脉粗壮而密的树叶，一般以常绿木本植物为好，如桂花叶、石楠叶、茶树叶等。在叶片充分成熟并开始老化的夏末或秋季选叶制作为最佳。

(2) 用碱液煮叶片：在搪瓷杯或砂锅内将配好的碱液煮沸后放入洗净的叶子适量，煮沸，并用玻棒轻轻拨动叶子，防止叶片叠压，使其均匀受热。煮沸一段时间后，检查叶肉受腐蚀和易剥离情况(煮沸直至叶片变成棕褐色时叶肉易脱落)，如易分离即可将叶片全部捞出，放入盛有清水的塑料盆中，再逐片进行叶肉与叶脉的分离。

(3) 清洗叶肉：将煮后的树叶放在玻璃板上并展平，用软毛刷在叶面上轻轻刷，受腐蚀的叶肉即可被刷掉，然后在水龙头下面冲洗，继续刷，直到叶肉全部去掉。

(4) 漂白叶脉：将刷洗净的叶脉放在漂白粉溶液中漂白后捞出，用清水冲洗后夹在旧书报纸中，吸干水分后取出，即可成为叶脉书签使用。

2. 叶脉表面金属化：

工艺流程：水洗 → 敏化 → 水洗 → 活化 → 水洗 → 还原 → 化学镀镍 → 水洗

在化学镀镍之后，应在玻璃板(或其他平板)下压平使之干燥，以便成型。

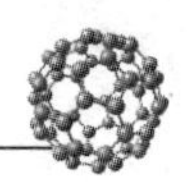

3. 中期制作:用点焊的方法配置悬挂件,如定位、钩子等挂件。悬挂件材料一般采用细的紫铜丝,点焊之前,将细铜丝在酸液中浸泡一下(小于 30 s),然后覆以焊锡进行点焊。焊面应尽可能保证平整,使之呈现树叶茎脉的原有形貌。这样可以保持整颜色的一致性。

4. 装饰电镀:将焊有细铜丝的叶脉作阴极,铜板或镍板作阳极,进行光亮镀铜或光亮镀镍(电镀工艺见附注)。取出叶脉,水洗,然后用两玻璃平板压平定型晾干。

五、实验思考题

1. 叶脉在进行装饰性电镀前必须先进行表面金属化的意义?
2. 化学镀前敏化、活化的目的?

附注:

1. 叶脉处理

碱液:	氢氧化钠	50~60 $g \cdot L^{-1}$
	碳酸钠(大苏打)	10~20 $g \cdot L^{-1}$(也可用石灰水代替碱液)

2. 表面金属化溶液配方

敏化	氯化亚锡 $SnCl_2$	20~25 $g \cdot L^{-1}$
	盐酸 HCl	10~20 $mL \cdot L^{-1}$
	乙醇 CH_3CH_2OH	余量(加锡粒)
	T	15~30℃
	t	10 min
活化	氯化钯 $PdCl_2$	0.25 $g \cdot L^{-1}$
	乙醇 CH_3CH_2OH	1 000 mL
	T	15~30℃
	t	3~5 min
还原	次亚磷酸钠	25~30 $g \cdot L^{-1}$
	T	15~30℃
	t	0.5~1 min

化学镀镍

硫酸镍 $NiSO_4 \cdot 7H_2O$	20 $g \cdot L^{-1}$

次亚磷酸钠	20～30 g · L^{-1}
氯化铵 NH_4Cl	30 g · L^{-1}
柠檬酸三钠	10 g · L^{-1}
稳定剂	10 mL · L^{-1}
pH	8.5～9.5
T	35～45℃
t	5～10 min

3. 装饰电镀

硫酸镍 $NiSO_4 \cdot 7H_2O$	220 g · L^{-1}
氯化镍 $NiCl_2 \cdot 6H_2O$	40 g · L^{-1}
硼酸 H_3BO_3	30 g · L^{-1}
十二烷基硫酸钠 $C_{12}H_{25}SO_4Na$	0.05 g · L^{-1}
糖精钠	2 g · L^{-1}
光亮剂	2 mL · L^{-1}
D_K	2 A · dm^{-2}
pH	4.5～5.5
T	50～60℃
t	3 min

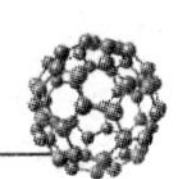

实验十八　装饰性电镀工艺综合实验

（技能性实验）

一、实验目的与任务

1. 熟悉装饰性电镀的原理、意义和用途。
2. 熟悉装饰性电镀的实验装置和仪器设备。
3. 掌握钢铁零件防护装饰性电镀工艺。
4. 掌握镀层质量分析方法，故障判断解决方法。

二、内容、要求与安排方式

本实验分步进行：

第一，学生在学习电镀工艺学后，根据钢铁基体零件使用条件的不同，镀层的结构、镀层的厚度要求，设计电镀工艺及流程、电镀时间等，讨论确定可行的电镀方案。

第二，进行电镀前机械和化学表面处理，进行装饰性电镀工艺实际操作试验。

第三，对镀层进行表面后处理，提高镀层表面的耐蚀性及装饰性。

第四，对处理后的零件进行外观形貌测试、结合力测试、厚度测试、硬度测试。并对镀层进行周期性的耐蚀性能测试。

要求学生掌握电镀工艺流程的设计，各电镀工艺的控制，电镀层性能的测试，各种测试仪器的使用。

实验零件由学生自主选择。

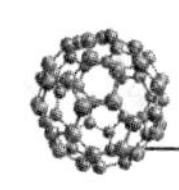

附表

1. 某些元素的电化当量

元素名称	元素符号	相对原子质量	化合价	电化当量			
				(mg/c)	(C/mg)	[g/A•h]	[A•h/g]
银	Ag	107.88	1	1.118	0.894	4.025	0.249
金	Au	197.2	1	2.044	0.489	7.357	0.136
			3	0.681	1.468	2.452	0.403
铍	Be	9.013	2	0.0467	21.41	0.168	5.946
镉	Cd	112.41	2	0.528	1.717	2.097	0.477
氯	Cl	35.46	1	0.367	2.722	1.323	0.756
钴	Co	58.94	2	0.306	3.274	1.100	0.901
铬	Cr	52.01	3	0.180	5.566	0.647	1.546
			6	0.0898	11.132	0.324	3.092
铜	Cu	63.54	1	0.658	1.518	2.372	0.422
			2	0.329	3.036	1.186	0.843
铁	Fe	55.85	2	0.289	3.456	1.046	0.960
			3	0.193	5.184	0.694	1.441
氢	H	1.01	1	0.010	95.76	0.0376	26.60
汞	Hg	200.61	1	2.097	0.481	7.484	0.134
			2	1.039 5	0.962	3.742	0.257
铟	In	114.76	3	0.399	2.782	1.429	0.699
钾	K	39.10	1	0.405	2.468	1.459	0.685
钠	Na	22.991	1	0.238	4.196	0.858	1.165
镍	Ni	58.69	2	0.304	3.288	1.095	0.913
氧	O	16.00	2	0.082 9	12.062	0.298	3.350
铅	Pb	207.21	2	1.074	0.931	3.865	0.258
钯	Pt	106.7	2	0.557	1.814	1.99	0.503

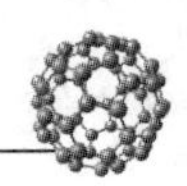

续表

元素名称	元素符号	相对原子质量	化合价	电化当量			
				(mg/c)	(C/mg)	[g/A•h]	[A•h/g]
铂	Pt	195.23	2	1.011 6	0.989	3.642	0.275
			4	0.506	1.977	1.821	0.549
铑	Rh	102.91	3	0.331	3.021	1.28	0.781
锑	Sb	121.76	3	0.421	2.377	1.514	0.660
锡	Sn	118.70	2	0.615	1.626	2.214	0.452
			4	0.307	3.252	1.107	0.903
钨	W	183.92	6	0.318	3.146	1.145	0.874
锌	Zn	65.38	2	0.339	2.952	1.220	0.820

注:元素的电化当量指通过电量为1C时析出物质的质量。为了实际使用方便,表中同时列出了由此换算求得的mg/c、C/mg、g/A・h、A・h/g值,这些数值均按电流效率100%计算。由于元素电化当量与该析出物质在溶液中的离子价数有关,因此表中列出了计算这些数值时所根据的价数。

2. 常见电镀溶液的阴极电流效率

电镀溶液名称	电流效率%	电镀溶液名称	电流效率%
普通镀铬	13	氰化镀锌	60～85
复合镀铬	18～25	硫酸镀铜	95～100
自动调节镀铬	18～20	焦磷酸盐镀铜	95～100
快速镀铬	18～20	酒石酸盐镀铜	75
镀镍	95～98	氟硼酸盐镀铜	95～100
硫酸盐镀锡	90	氰化镀铜	70
碱性镀锡	60～75	硫酸盐镀镉	98
硫酸盐镀锌	95～100	氰化镀黄铜	60～70
铵盐镀锌	94～98	镀铅锡合金	100
锌酸盐镀锌	70～85	镀锡锌合金	80～100
铵盐镀镉	90～98	镀铑	40～60
氟硼酸盐镀镉	100	镀铼	10～15

续表

电镀溶液名称	电流效率%	电镀溶液名称	电流效率%
氰化镀镉	90～95	硫酸盐镀铟	50～80
氯化物镀镉	90～95	氯化物镀铟	70～95
氯化物镀铁	95～98	氟硼酸镀铟	80～90
氟硼酸盐镀铅	95	镀铋	100
氰化镀银	95～100	氰化镀低锡青铜	60～70
氰化镀金	60～80	氰化镀高锡青铜	60
镀铂	30～50	镀锡镍合金	100
镀钯	90～95	镀镉锡合金	70

3. 各种镀液电镀时间与厚度的关系

镀种		氰化镀铜	焦磷酸盐镀铜	镀镍	镀锌	酸性镀锡	碱性镀锡	镀银	酸性镀金	碱性镀金
每分钟沉积的镀层厚度	1 A/dm^2	0.44	0.22	0.20	0.28	0.50	0.63	0.63	0.21	0.63
	1.5 A/dm^2	0.66	0.33	0.30	0.42	0.75	0.95	0.95	0.31	0.95
	2 A/dm^2	0.88	0.44	0.41	0.57	1.01	0.50	1.27	0.42	1.26
	2.5 A/dm^2	1.10	0.55	0.51	0.71	1.20	0.63	1.59	0.52	1.58
	3 A/dm^2	1.32	0.60	0.61	0.85	1.51	0.75	1.91	0.63	1.90
	3.5 A/dm^2	1.51	0.77	0.72	0.99	1.77	0.88	2.32	0.73	2.21
	4 A/dm^2	1.71	0.88	0.92	1.14	2.02	1.01	2.55	0.84	2.53
	4.5 A/dm^2	1.98	0.99	1.02	1.28	2.27	1.13	2.87	0.94	2.85
	5 A/dm^2	2.20	1.10	1.03	1.42	2.53	1.26	3.19	1.05	3.17

第四章　涂料与涂装质量检测

实验十九　涂料细度的测定

一、实验目的

1. 了解涂料细度的定义和测定原理。
2. 掌握刮板细度计测试涂料细度的方法和技巧。
3. 掌握测试过程中影响测试结果的因素。

二、实验原理(参照 GB/T 1724－79)

研磨细度是涂料中颜料及体质颜料分散程度的一种量度,是色漆重要的内在质量之一,对成膜质量,漆膜的光泽、耐久性,涂料的贮存稳定性均有很大的影响。

1. 定义

细度是指色漆或色浆内颜料、体质颜料等颗粒的大小或分散的均匀程度,以微米表示。或者说,在所制定的试验条件下,于标准细度计上所读得的微米读数,定义为研磨细度。该读数表示细度计某刻度处的深度,在此处被测产品中分散的固体颗粒能清楚辨认出来。

2. 测定原理

刮板细度计的测定原理是利用刮板细度计上的楔形沟槽将涂料刮出一个楔形层,用肉眼辨别湿膜内颗粒出现的显著位置,以得出细度读数。楔形沟槽的深度是按斜度从小到大连续变化的,在斜边上按长度均匀刻线表示槽深的微米。

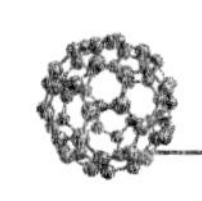

3. 影响因素

① 取样必须采有代表性。涂料取样前必须搅拌均匀，消除气泡。

② 被测涂料的粘度。一般粘度与细度成反比，粘度越小细度越差。

③ 溶剂的挥发速度。溶剂挥发的快，涂料的细度差。

④ 读数时间。时间长，细度差，所以应在规定时间(<5 秒)内读数。

⑤ 空气泡。由搅拌而产生，在细度板上显现出来完全和颗粒一样，取样时注意避免气泡。

细度检测中测得的数值并不是单个颜料或体质颜料粒子的大小，而是色漆在生产过程中颜料研磨分散后存在的凝聚团的大小。对研磨细度的测量可以评价涂料生产中研磨的合格程度，也可以比较不同研磨程序的合理性以及所使用的研磨设备的效能。

三、实验仪器与材料

刮板细度计(图 19－1)，小调漆刀，实验用涂料，涂料稀释剂，棉纱若干。

刮板细度计的磨光平板是由工具合金钢(牌号 Cr12)制成，板上有一条长沟槽(长 155±0.5 mm，宽 12±0.2 mm)，在 150 mm 长度内刻有 0～150 μm(最小分度 5 μm，沟槽倾斜度 1∶1 000)、0～100 μm(最小分度 5 μm，沟槽倾斜度 1∶1 500)、0～50 μm(最小分度 2.5 μm、沟槽倾斜度 1∶3 000)的表示槽深的等分刻度线。刮板细度计的正面槽底及面平直度允许误差 0.003 mm/全长，正面光洁度应为 10，分度值误差±0.001 mm。刮刀是由优质工具碳素钢制成，两刃磨光，长 60±0.5 mm，宽 42±0.5 mm，刀刃平直度允许误差 0.002 mm/全长，表面光洁度为 8，刀刃研磨光洁度为 10。

细度在 30 μm 及 30 μm 以下的时应用量程为 50 μm 的刮板细度计，31～70 μm 时应用量程为 100 μm 的刮板细度计，70 μm 以上时应用量程为 150 μm 的刮板细度计。

四、实验测试方法

1. 刮板细度计在使用前须用溶剂仔细洗净擦干，擦洗时应用细软的布。

2. 将符合产品标准粘度指标的试样，用小调漆刀充分搅匀。

3. 在刮板细度计的沟槽最深部分，滴入试样数滴，以能充满沟槽而略有多余为宜。以双手持刮刀(如图 19－1 所示)横置在磨光平板上端(试样边缘处)，使刮刀与磨光平板表面垂直接触。

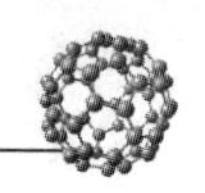

4. 在 3 s 内，将刮刀由沟槽深的部分向浅的部分拉过，使涂料充满沟槽而平板上不留有余漆。刮刀拉过后，立即(<5 s)使视线与沟槽平面成 15～30°角，对光观察沟槽中颗粒均匀显露处，记下读数(精确到最小分度值)。如有个别颗粒显露于其他分度线时，则读数与相邻分度线范围内，不得超过三个颗粒如图 19-2 所示。

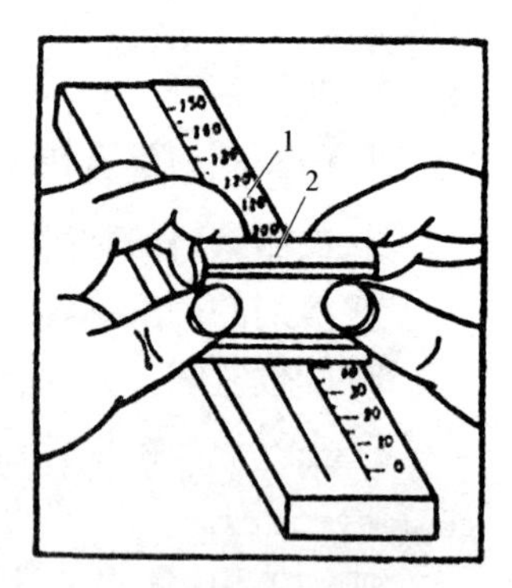

1—磨光平板；2—刮刀

图 19-1 刮板细度计

五、实验数据及结果

1. 平行试验三次，试验结果取两次相近读数的算术平均值。

2. 两次读数的误差不应大于仪器的最小分度值。

六、实验思考题

1. 测定细度的意义何在？

2. 影响细度测定的主要因素有哪些？

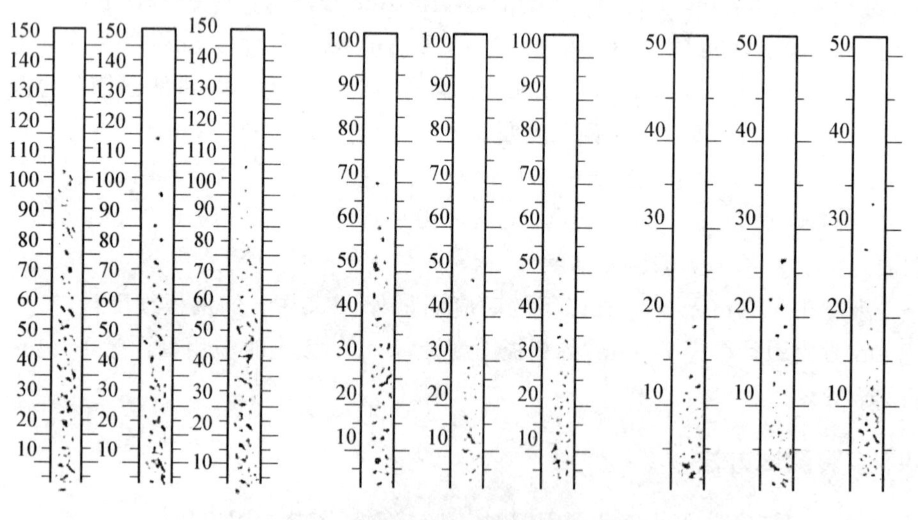

图 19-2 细度分布图

实验二十　涂料的粘度与比重测定

一、实验目的

1. 了解有关粘度的基本概念、表示方法和涂-4粘度计结构原理。
2. 掌握涂-4粘度计操作方法及试验数据的处理。
3. 了解涂料比重测定的意义，加深对涂料比重性能的了解。
4. 掌握比重杯法测定涂料比重的操作方法。

二、实验原理

1. 粘度的测定方法和涂-4粘度计结构原理(参照GB 1723－1993)

粘度是涂料产品的重要指标之一，是测定涂料中聚合物分子量大小的可靠方法。在树脂合成过程中，控制粘度的大小尤为重要，若粘度增长过快、过大，就会有胶化的危险，反之粘度增长过慢，既耗时又耗能源。在制备涂料的过程中粘度也必须严格控制，有些涂料稍有疏忽就会使粘度过大，甚至使涂料胶化，造成损失。粘度过低时会使应加的溶剂加不进去，不仅造成成本上升，而且还会造成很多质量问题，如使涂膜的附着力测试仪等物理机械性能变差、光泽降低，涂膜的耐候性、耐水性、耐化学介质性能差等，所以涂料粘度的测定对于涂料生产过程的控制，保证最终涂料产品的质量都是很必要的。

对于涂料施工来说，涂料粘度过高会使施工困难，刷涂拉不开刷子，喷涂时堵塞喷嘴，涂膜流平性差；粘度过低则施工时造成流挂，形成上薄下厚不均匀的涂膜，涂膜薄处耐久性不好，容易早期破坏失去对底材的保护作用，涂膜厚处往往容易发生涂膜起皱等弊病。因此涂料粘度的测定，对于涂料生产过程中的控制以及保证涂料产品的质量都是必要的。

液体涂料的粘度检测方法很多，分别适用不同品种。常用三种方法：

(1) 流出法：利用试样本身重力流动，测出其流出时间以换算成粘度。

(2) 垂直式落球法：在重力作用下，利用固体球在液体中垂直下降速度的快慢来测定液体的粘度。

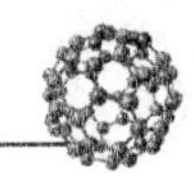

(3) 设定剪切速率法：用圆筒、圆盘或桨叶在涂料试样中旋转，使其产生回旋流动，测定其达到固定剪切速率时所需的应力，从而换算成粘度。

本实验采用涂-4 粘度计测定涂料的粘度。涂-4 粘度计测定的条件粘度是：一定量的涂料样品，在一定的温度下规定直径的孔所流出的时间，以秒表示。涂-4 粘度计用于测定粘度在 150 s 以下(以本粘度计为标准)的涂料样品。如图 20-1 所示。

上部为圆柱形，下部为圆锥形，在锥形底部有可以更换的漏嘴，在容器上部有凹槽，作多余试样溢出用。粘度计装置放于带有两个调节水平螺钉的架上。涂-4 粘度计有塑料制与金属制两种，其内壁光洁度为 8，但以金属粘度计为准。

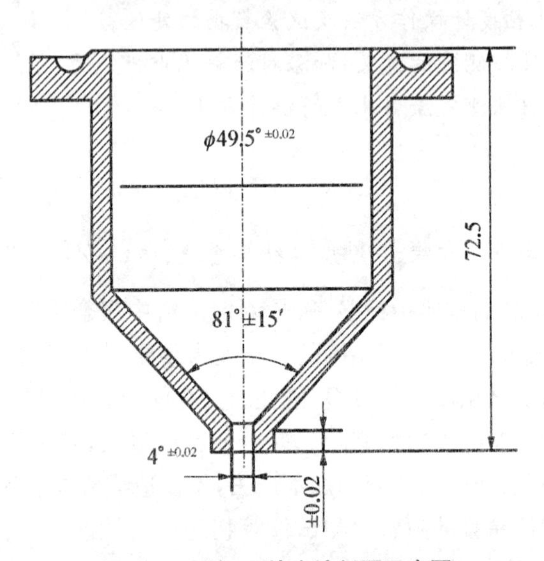

图 20-1 涂-4 粘度计剖面示意图

基本尺寸：粘度计容量为 100±1 mL，漏嘴用不锈钢制成，其孔高 4±0.02 mm，孔内径 4±0.02 mm，粘度计锥体内部的角度为 81°±15′，总高度 72.5 mm，圆柱体内径 49.5±0.2 mm。

2. 涂料比重的概念及原理(参照 GB/T 1756-79)

在指定温度下，物体在空气中的重量与同体积水的重量之比称为比重。在 20℃时物体的重量与 4℃时同体积水的重量之比，用 d_4^{20} 表示。

通过比重的测定可以较快地核对连续几批产品混合后的均匀程度；获知产品装桶时单位容积的重量；可计算单位面积上色漆的耗用量等。涂料的比重与所用的颜料比重有关，与配方中的颜料体积浓度有关。

常用测定比重的方法有：

（1）比重计法：适用于大多数液体产品，如清油、清漆等相对密度的测定。即在 20℃时试样质量与 4℃时同样积水的质量之比。

（2）比重杯法：适用于产品。涂料比重杯是简单的铝合金比重杯，最适于测量未充气的试样密度。用于测定涂料或相似材料的比重。有 50 mL 和 100 mL 两种。

图 20－2 QBB 型比重杯

QBB 型比重杯分为比重杯主体和带有一定锥度的上盖。上盖正中部有一个小孔。均衡锤分为均衡锤主体和均衡锤提头。均衡锤为空心结构，里面填充了一定数量的碎铅皮或散铅粒，以调节重量。

三、实验仪器设备和材料

涂－4 粘度计；秒表(分度为 0.2 s)；水平仪；150 mL 烧杯。温度计(0～60℃，分度 0.5℃)；玻璃量筒(250 mL；50 mL)；电子分析天平(精度为 0.000 1 g)；QBB 型涂料比重杯；被测试涂料。

四、实验测试方法

1. 粘度测定

每次测定之前用纱布蘸溶剂将粘度计内部擦拭干净，在空气中干燥或用冷风吹干，对光观察粘度计漏嘴应清洁，然后放入带有两个调节水平螺钉的架上。

调整水平螺钉，使粘度计处于水平位置，在粘度计漏嘴下面放置 150 mL 的烧杯，用手堵住漏嘴孔，将试样倒满粘度计中，用玻璃棒将气泡和多余的试样刮入凹槽，然后松开手指，使试样流出，同时立即开动秒表，当试样流丝中断时停止秒表，试样从粘度计流出的全部时间(秒)即为试样的条件粘度。

两次测定值之差不应大于平均值的 3%，测定时试样温度为 25±1℃。

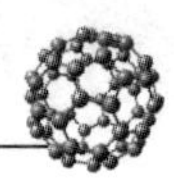

注意事项：

(1) 涂-4粘度计上边必须水平以保证漏嘴处于垂直位置，测定时手指放开要快而自然，不要晃动粘度计，操作环境不要有机械振动等干扰。

(2) 涂料不应有结皮、杂质和大颗粒等现象，以免堵住漏嘴而测不准。

(3) 测定时温度必须严格控制，使之符合要求。

(4) 测定完毕，粘度杯必须用适当溶剂清洗干净，不要用金属丝等硬物刮洗，如果漏嘴有已干的黏附物，要先用适当的溶剂将其泡软后用软的织物穿过漏嘴进行清洗，擦净保存。

2. QBB型比重杯法测定涂料比重

试验前应将比重杯内部、外部、均衡锤清洁擦抹干净。称量完全清洁、干燥的杯(全部组件)重量并记录。

将比重杯上盖拿下，装入待测试样至接近杯口处，(注意应不起泡沫)加盖，待试样的多余部分由盖中心处的小孔溢出时，用清洁抹布擦净。

重新称出杯重，并记下重量同时读出实验温度计。

将杯完全拆开，要在材料干燥或硬化前彻底清除全部表面。

比重的计算：

$$d_{20}=(G_2-G_1)/37.00+0.01(t-20)$$

式中：G_1——空杯质量，g；

G_2——装试样后杯质量，g；

t——测定时之温度，℃；

0.01——相对密度的温度修正系数；

37.00——比重杯在4℃时装入水的质量，g。

五、实验数据处理

1. 涂料粘度实验数据记录

实验温度：　　　℃　　　　　实验湿度：

涂料名称	1	2	3	平均值

认真记录每次试验数据，并分析和整理准确试验数据，写出实验报告。

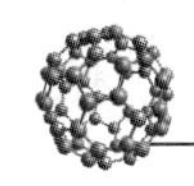

注意：每次重复测定粘度后，必须将粘度计内部擦拭干净，否则测试结果不准确。

2. 涂料比重实验数据记录

涂料名称	G_1	G_2	G_2-G_1	比重值

六、实验思考题

1. 有人用涂 4 杯粘度计测定某涂料给出 3 分钟的粘度结果，你认为这个数据是否正确可靠？

2. 涂料粘度还可用什么方法来测定？

3. 影响涂料比重因素有哪些？

4. 测定涂料比重有何实际意义？

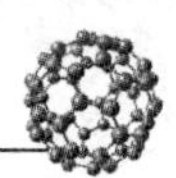

实验二十一　涂料固体分含量测定

一、实验目的

1. 了解测定涂料固体分含量的意义和测定原理。
2. 掌握涂料固体含量的测定方法。

二、实验原理

涂料的固体含量，即不挥发成分又称固体分，是涂料中除去溶剂（或水）之外的不挥发物（包括树脂、颜料、增塑剂等）占涂料重量的百分比，为涂料的一个重要技术指标之一。一般涂料的固体分含量越高，在涂装时成膜厚度就越高，可节约大量的稀释剂和涂装道数，缩短施工周期。与此同时，固体含量高的涂料，挥发分就少，对环境污染也小。而固体分含量低，涂膜薄，光泽度差，施工时易流挂。

固体分与粘度相互制约，要想制得一个理想的涂料，需在制备过程中严格控制成膜物质分子量的大小。实际上分子量很难测定，一般用测定粘度的方法来控制。分子量大的涂料粘度高，反之成立。所以工艺上常用测定涂料的粘度来确定反应终点。但由于使用的溶剂不同，对涂料的溶解能力不一样以及溶剂的比例不同，所以，只用粘度的大小不能完全说明分子量的大小，只有把固体含量在一个标准上再测量粘度才能得出涂料分子量的大小。因此，通过粘度和固体分两项指标，可将涂料、颜料和溶剂的用量控制在适当比例范围内，以保证涂料既便于施工又有较厚的涂膜。

涂料固体分含量的测定，即涂料在一定温度下加热焙烘后剩余物重量与试样重量的比值，以百分数表示。其测定方法有两种：红外线灯法和烘箱法。红外线灯法的特点是温度较高，测定速度较快，对因温度而易分解的产品不适宜。烘箱法的特点是温度较红外线灯法低，烘箱内温度分布均匀，并能同时进行多数量的平行检验。

三、实验仪器与材料

玻璃培养皿(直径 75～80 mm,边高 8～10 mm);玻璃表面皿(直径 80～100 mm);50 mL 磨口滴瓶;玻璃干燥器(内放变色硅胶或无水氯化钙);坩埚钳;温度计(0～200℃,0～300℃);分析天平(感量为 0.000 1 g);鼓风恒温烘箱。

四、实验测试方法(参照 GB/T 1725－79)

1. 培养皿法

先将干燥洁净的培养皿在 105±2℃烘箱内焙烘 30 min。取出放入干燥器中,冷却至室温后,称重。用磨口滴瓶取样,以减量法称取 1.5～2 g 试样(过氯乙烯漆取样 2～2.5 g,丙烯酸漆及固体含量低于 15%的漆类取样 4～5 g),置于已称重的培养皿中,使试样均匀地流布于容器的底部,然后放于已调节到按附表所规定温度的鼓风恒温烘箱内焙烘一定时间后,取出放入干燥器中冷却至室温后,称重,然后再放入烘箱内焙烘 30 min,取出放入干燥器中冷却至室温后,称重,至前后两次称重的重量差不大于 0.001 g 为止(全部称量精确至 0.000 1 g)。试验平行测定两个试样。

2. 表面皿法

本方法适用于不能用培养皿法测定的高粘度涂料如腻子、乳液和硝基电缆漆等。

先将二块干燥洁净可以互相吻合的表面皿在 105±2℃烘箱内焙烘 30 min。取出放入干燥器中冷却至室温,称重。

将试样放在一块表面皿上,另一块盖在上面(凸面向上)在天平上准确称取 1.5～2 g,然后将盖的表面皿反过来,使二块皿互相吻合,轻轻压下,再将皿分开,使试样再朝上,放入已调节到按附表所规定温度的恒温鼓风烘箱内焙烘一定时间后,取出放入干燥器中冷却至室温,称重。然后再放入烘箱内焙烘 30 min,取出放入干燥器中冷却至室温,称重,至前后两次称量的重量差不大于 0.001 g 为止(全部称量精确至 0.000 1 g),试验平行测定两个试样。

注意:以减量法称取试样。减量法用于称取易吸湿、易氧化或易与二氧化碳反应的试样。称取方法:将样品置于称量瓶中,称出试样加称量瓶的总重量 M_1 克,然后将样品倾出一部分,再称剩余试样加称量瓶的重量为 M_2 克,则试样重量为(M_1-M_2)克。

五、实验数据与结果计算

实验数据记录于表中

涂料名称：　　　　　　　烘箱温度：　　　℃

	1	2	3
W,g			
G,g			
W_1,g			

固体含量%(X)按下式计算：

$$X=(W_1-W)/G\times 100$$

式中　W——容器重量，克；

W_1——焙烘后试样和容器重量，克；

G——试样重量，克。

试验结果取两次平行试验的平均值，两次平行试验的相对误差不大于3%。

附表

各种漆类焙烘温度规定表

涂料名称	焙烘温度℃
硝基漆类、过氯乙烯漆类、丙烯酸漆类、虫胶漆	80±2
缩醛胶	100±2
油基漆类、酯胶漆、沥青漆类、酚醛漆类、氨基漆类、醇酸漆类、环氧漆类、乳胶漆类(乳液)、聚氨酯漆类	120±2
聚酯漆类、大漆	150±2
水性漆	160±2
聚酰亚胺漆	180±2
有机硅漆类	在1～2 h内由120升温到180，再于180±2保温
聚酯漆包线漆	200±2

实验二十二　涂膜的一般制备

一、实验目的

1. 熟练掌握各种底板的表面处理方法。
2. 了解涂膜制备的目的及意义。
3. 熟练掌握各种制备涂膜的方法。

二、实验原理(参照 GB/T 1727－1992)

涂膜制备法就是讲涂料由流体制成固体涂膜的各种方法。制板是为了使得底材和涂膜的黏结创造一个良好的条件,同时还能提高和改善涂膜的性能。刷板的质量直接影响涂膜的质量和涂装的效果。

评定涂膜的各种性能,首先须制得符合检验标准要求的涂膜,即均匀合适厚度的涂膜。制得的涂膜要能真实地反映涂膜的本质,即使有缺陷也要反映出来,但又不能由于外部的原因,如制备的环境,而使涂膜本质有所改变。

要进行涂层性能的检测,首先要制作符合试验要求的标准涂层试板。GB/T 1727－92《漆膜一般制备法》规定了制备涂膜使用的材料、底板的表面处理、制板方法、涂膜的干燥条件及涂膜的厚度等。实验室里采用的方法与工业生产采用的制备方法有所不同,以下为实验室常见的方法,制备一般涂膜的材料、底板的表面处理、制板方法、涂膜的干燥和状态调节、恒温恒湿条件以及涂膜厚度等。适用于测定涂膜一般性能用试板的制备。

三、实验材料与仪器

1. 马口铁板应符合 GB 2520 规定的镀锡量为 E4,硬度等级为 T52,厚度为 0.2～0.3 mm。除另有规定外,尺寸为 25 mm×120 mm、50 mm×120 mm、70 mm×150 mm 的试板。

2. 玻璃板:除另有规定外,玻璃板的尺寸为 100 mm×100 mm×5 mm 的抛光平板玻璃板。

3. 薄钢板:除另有规定外,钢板的尺寸为 50 mm×100×(0.2～0.3 mm)。

4. 铝板：除另有规定外，铝板应符合 GB 3880 规定的技术要求，尺寸为 50 mm×150 mm×(1～2)mm 的试板。

5. 石棉水泥板：除另有规定外，石棉水泥板应符合建标 25 规定的技术要求，厚度为 3～6 mm 的试板。

6. 漆刷宽 25～35 mm。

7. 喷枪喷嘴内径 0.75～2 mm。

8. 腻子刮涂器：如图 22-1 所示，由模型板与刮刀组成，在平滑的底座上有 4 个锲型卡，以便压紧刮刀框和模框。模框按产品标准要求的腻子厚度选用。

9. 粘度计：涂-4 粘度计或 ISO 流量杯。

10. 杠杆千分尺或其他涂膜测厚仪。

11. 电热鼓风恒温干燥箱。

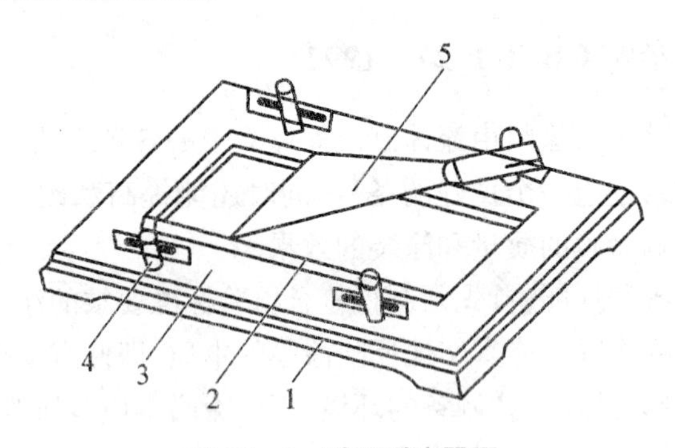

图 22-1 腻子刮涂器图

1-底座(215 mm×125 mm×15 mm)；2-模框(145 mm×60 mm×0.7 mm 和 145 mm×60 mm×0.5 mm)；3-刮刀框(内框 155 mm×70 mm×2 mm)；4-楔型卡；5-刮刀(宽 70 mm)

四、实验测试方法

1. 底板的表面处理(GB 9271 规定)

涂膜检验常用的底板是金属(如马口铁板、钢板、铝板)、玻璃、木板、水泥板、塑料板等，对其材质及尺寸均有要求外，不同底板都有其相应的处理方法，其目的在于提高涂层在样板上的附着力，避免底材状况不同对检验结果的干扰。

① 马口铁板：用 500 号水砂纸干磨打磨，打磨程序同钢板打磨，但要求试板上不得有一处镀锡层被全部磨掉，打磨后用溶剂清洗，擦干，置于干燥器中。

② 玻璃板：用热肥皂水洗涤，清水冲净，自然干燥或低温吹干。制膜前需用

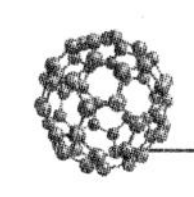

脱脂棉蘸溶剂擦净，晾干备用。

③ 薄钢板：先将样板浸入石油溶剂中清洗除去钢板贮藏过程中涂抹的临时防护性油膏或润滑油脂。晾干后再用 0 号纱布或 200 号水砂纸沿纵向来回打磨（若要制备大量样板，有时用喷砂除去铁锈及表面氧化层），再用溶剂擦尽油污和灰尘，晾干后备用。

④ 铝板：用脱脂棉蘸溶剂擦净，晾干备用。

⑤ 石棉水泥板：擦去试板表面浮灰，经浸水使底板 pH 值小于 10，并用 200 号水砂纸将表面打磨平整，清洗干净后，存放在恒温恒湿的空气流通环境下至少一周。

2. 制板方法

涂漆前将试样搅拌均匀，如果试样表面有结皮，则应先仔细揭去。多组多漆按产品标准规定的配比称量混合，搅拌均匀。必要时混合均匀的试样可用120～80 目筛子过滤。

① 刷涂法：将试样稀释至适当粘度或按产品标准规定的粘度，用漆刷在规定的试板上，快速均匀地沿纵横方向涂刷，使其成一层均匀的涂膜，不允许有空白或溢流现象。涂刷好的样板，平放于恒温恒湿处或恒温干燥箱中进行干燥。

② 喷涂法：将试样稀释至喷涂粘度（23±2℃条件下，在涂- 4 粘度计中的测定值，油基漆应为 20～30 s；挥发性漆为 15～25 s。在 ISO 流量杯中的测定值，油基漆应为 45～80 s；挥发性漆应为 24～45 s）或按产品标准规定的粘度，然后在规定的试板上喷涂成均匀的涂膜，不得有空白或溢流现象。喷涂时，喷枪与被涂面之间的距离不小于 200 mm，喷涂方向要与被涂面成适当的角度，空气压力为 0.2～0.4 MPa（空气应过滤去油、水及污物）喷枪移动速度要均匀。喷涂好的样板平放于恒温恒湿处或恒温干燥箱中进行干燥。

③ 浸涂法：将试样稀释至适当的粘度（使涂膜厚度符合产品标准规定），再以缓慢均匀的速度将试板垂直浸入涂料中，停留 30 s 后，以同样速度从涂料中取出，放在洁净处滴干 10～30 min，滴干的样板垂直悬挂于恒温恒湿处或电热鼓风恒温干燥箱中干燥。

如产品标准对第一次浸漆的干燥时间没有规定，可自行确定，但不超过产品标准中所规定的干燥时间。控制每一次涂膜的干燥程度，以保证制漆的涂膜不致因第二次浸漆后发生流挂、咬底或起皱等现象。此后，将试样倒转 180°按上述方法进行第二次浸涂，滴干。平放于恒温恒湿处或恒温干燥箱中进行干燥。

④ 刮涂法：腻子刮涂法：将试板放于腻子刮涂器底座上，把厚度适合的模框

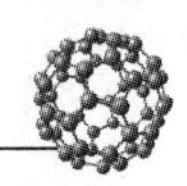

及刮刀框套在其上并卡紧。再用金属刮刀将腻子均匀地涂刷在试板上，使其成均匀平整的腻子膜，取下腻子样板平放于恒温恒湿处或恒温干燥箱中进行干燥。

以上制备的涂膜，一般自干漆在恒温恒湿条件下进行状态调节 48 h(包括干燥时间在内)；挥发性漆状态调节 24 h(包括干燥时间在内)，然后进行各种性能的测试。烘干除另有规定外，应先在室温放置 15～30 min，再平放入电热鼓风恒温干燥箱中按产品标准规定的温度和时间进行干燥。除另有规定外，干燥后的涂膜在恒温恒湿条件下状态调节 0.5～1 h，然后进行各种性能测试。

恒温恒湿条件系指温度 23±2℃，相对湿度 50±5%。

3. 涂膜厚度

除另有规定外，各种涂膜干燥后厚度规定如表 22－1。

表 22－1 常见的涂膜厚度

名 称	厚度 μm
清油、丙烯酸清漆	13±3
酯胶、酚醛、醇酸等清漆	15±3
沥青、环氧、氨基、过氯乙烯、硝基、有机硅等清漆	20±3
磁漆、底漆、调和漆	23±3
丙烯酸磁漆、底漆	18±3
乙烯磷化底漆	10±3
厚漆	35±5
腻子	500±20
防腐漆单一漆膜的耐酸、耐碱性及防锈漆的耐盐水性、耐磨性(均涂二道)	45±5
防腐漆配套漆膜的耐酸、耐碱性	70±10
单一漆膜的耐湿热性	23±3
磨光性	30±5

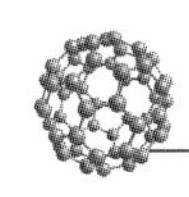

实验二十三　涂膜厚度的测定

一、实验目的

1. 了解涂膜测定厚度的重要意义。
2. 熟练掌握涂膜厚度测定方法和操作技巧。

二、实验原理

在涂料和涂膜的检测中，涂膜厚度是一个很重要的控制项目。在涂膜施工过程中，由于涂后涂膜厚度不均或厚度未达到规定要求，均对涂层的性能产生重大的影响。因此如何正确地测定涂膜的厚度是非常重要的。严格控制这个关键环节，认真进行厚度检测。

目前，测定涂膜厚度有各种方法和相应的仪器，根据实际情况和要求选用相应的方法和仪器进行测定。

测定涂膜厚度的方法，可分为以下几类：

- 湿膜厚度的测定
  - 圆盘状湿膜厚度计——QuL 湿膜测厚仪
  - 齿状湿膜厚度计
  - 管状湿膜厚度计
- 干膜厚度的测定
  - 永久磁性测厚仪
  - 电磁法测厚仪
  - 涡流法测厚仪
  - 机械式干膜测厚仪
    - 杠杆千分尺
    - 表式测厚仪

可见，测定涂膜厚度有各种仪器和方法，选用时应考虑测定涂膜的场合(实验室或现场)、底材(金属、木材、玻璃)、表面情况(平整、粗糙、平面、曲面)和涂膜的状态(湿、干)等因素，这样才能合理使用仪器，并提高测试的精度。在实际工作中，干膜厚度的测定用得比较多。

本实验主要介绍 GB/T 1761－79(89)中，主要采用杠杆千分尺或磁性测厚仪测定，并以 μm 表示。

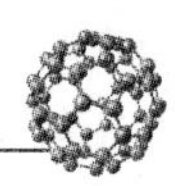

三、实验仪器设备

杠杆千分尺：精确度为 2 μm；磁性测厚仪：精确度为 2 μm。

四、实验测定方法

1. 杠杆千分尺法

(1) 杠杆子分尺的“0”位校对

首先用绸布擦净两个测量面，旋转微分筒，使两测量面轻轻地相互接触，当指针与表盘的“0”线重合后，就停止旋转微分筒，这时微分筒上的“0”线也应与固定套筒上的轴向刻线重合，微分筒边缘与固定套筒的“0”线的左边缘恰好相切，这样算“0”位正确。如果“0”位不准，就必须调整。

“0”位调整方法：先使指针与表盘的“0”线重合，用止动器把活动测杆固定住，松开后盏，再调整微分筒上“0”线与固定套筒上的轴向刻线重合，微分筒边缘与固定套筒的“0”线的左边缘恰好相切，然后拧紧后盖，松开止动器，看表盘指针是否对“0”，如不对应重复上述步骤，重新调零。

(2) 测量

取距边缘不少于 1 cm 的上、中、下三个位置进行测量。先将未涂漆底板放于微动测杆与活动测杆之间，慢慢旋转微分筒，使指针在两公差带指针之间，然后调整微分筒上的某一条线与固定套筒上的轴向刻线重合，为了消除测量误差，可在原处多测几次，读数时，把固定套筒，微分筒和表盘上所读得的数字加起来，即为测得厚度值，然后涂漆上样，按规定时间干燥后，再按此法在相同位置测量，两者之差即为涂膜厚度。也可先测量已涂漆试样的厚度，再用合适的方法除去测量点的涂膜，然后测出底板的厚度，两者之差即为涂膜厚度，取各点厚度的算术平均值即为涂膜的平均厚度值。

2. 磁性测厚仪法

(1) 调零：取出探头，插入仪器的插座上。将已打磨未涂漆的底板（与被测涂膜底材相同），擦洗干净，把探头放在底板上接下电钮，再按下磁芯，当磁芯跳开时，如指针不在零位，应提动调零电位器，使指针回到零位，需重复数次，如无法调零，需更换新电池。

(2) 校正：取标准厚度片放在调零用的底板上，再将探头放在标准厚度片上，按下电钮，再按下磁芯，待磁芯跳开后旋转标准钮，使指针回到标准片厚度值上，需重复数次。

(3) 测量:取距样板边缘不少于 1 cm 的上、中、下三个位置进行测量。将探头放在样板上,接下电钮,再按下磁芯,使之与被测涂膜完全吸合,此时指针缓慢下降,待磁芯跳开表针稳定时.即可读出涂膜厚度值。取各点厚度的算术平均值为涂膜的平均厚度值。

五、实验思考题

1. 为了提高测量精度,测定厚度时应考虑哪些因素?
2. 测定厚度时为什么要选择不同的位置并多次测定?

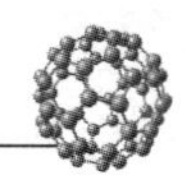

实验二十四　涂膜附着力的测定

一、实验目的

1. 了解涂膜附着力测定的原理和方法。
2. 学会涂膜附着力的测试方法。
3. 熟练掌握画圈法测定涂膜附着力的操作要领。
4. 熟练掌握划格法测定涂膜附着力的操作要领及注意事项。

二、实验原理

1. 定义

涂膜的附着力指涂膜与被附着物体表面之间相互粘结的能力，它是考核涂膜性能好坏的重要指标之一。涂膜只有具有一定的附着力，才能良好地附着在被涂物体的表面，发挥涂料所具有的装饰和保护作用，达到应用涂料的目的，涂膜在被涂物体的表面上不具有良好的附着能力，它的装饰性和保护性即使再好也仍没有实际应用的意义。

2. 测试方法：大体可分为：一种是使涂膜从涂饰表面上分离时所需之力的直接测定法；另一种是涂膜在其他性能测定时的间接测定法。

(1) 直接附着力测定法：

① HuuAK 作法：指涂膜从板材上，按楔形原理取下时，由测力计测出的阻力表示；

② 扭开法：一平方厘米面积的涂膜扭掉所需要的力表示；

③ 拉开法：测定涂层间或涂层与底材间拉开时单位面积上所需力 kg/cm^2。

另外还有超声振荡试验法，超离心法，B、B 迭里亚巾法，附着力仪法等。

(2) 间接附着力测定法：① 在压力机上涂膜附着力测定；② 测定涂膜弯曲强度与弹性；③ 刀割法：分划格法、刮除法、“Arco”微型刀法、粘结法、画圈法。

3. 涂膜附着机理：附着机理分为机械附着和化学附着二种。

机械附着力：取决于被涂板材的性质(粗糙度、多孔性)以及所形成的涂膜机械强度。

化学附着力：指涂膜和板材之间的分界面涂膜分子和板材分子的相互吸引

力，取决于涂膜和板材的物理化学性质。

4. 影响涂膜附着力的因素：① 涂膜与被涂表面的极性适应性；② 涂膜附着力与内聚力的相互关系；③ 表面张力与湿润现象的影响；④ 热膨胀系数的影响；⑤ 样板的表面处理对涂膜附着力的影响。

采用间接附着力测定法中的画圈法[参见 GB/T 1720－79 (89)]。将样板固定在一个前后可以移动的平台上，在平台移动的同时，作圆圈运动的唱针划透涂膜，并能划出重叠圆滚线的纹路，从圆滚线的纹路中观察涂膜破坏的位置，判断附着力的级别，针对涂膜的破坏作用，除垂直的压力外，还有钢针旋转运动所产生的扭力。

划格法以一定规格的工具，将涂层做格阵图形切割并穿透，划格完成的图形按六级分类，评定涂层从底材分离的抗性。用于均匀划出一定规格尺寸的方格，通过评定方格内涂膜的完整程度来评定涂膜对基材附着程度，以"级"表示。它主要用于有机涂料划格法附着力的测定，不仅适用于实验室，也可用于各种条件下的施工现场。

三、实验仪器设备和材料

马口铁板：50×100×0.2～0.3 mm；四倍放大镜；漆刷：宽 25～35 mm；

附着力测定仪：如图 24－1 所示。

有关部件规格：试验台丝杠(9)螺距为 1.5 mm，其转动与转针同步；转针采用三五牌唱针，空载压力为 200 g；荷重盘(1)上可放砝码，其重量为 100、200、500、1 000 g；转针回转半径可调，标准回转半径值为 5.25 mm。

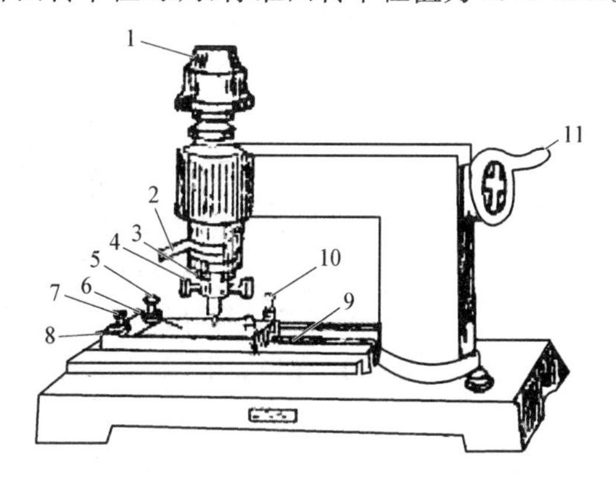

图 24－1　画圈法附着力测定仪示意图

1—荷重盘；2—升降棒；3—卡针盘；4—回转半径调整螺栓；5—固定样板调整螺栓；6—试验台；7—半截螺帽；8—固定样板调整螺栓；9—试验台丝杠；10—调整螺栓；11—摇柄

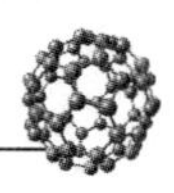

划格器：如图 24－2 所示。划格器有 1 mm、2 mm、3 mm 三种规格间距的多刃切割刀，其中 1 mm 间距的多刃切割刀适用于涂膜厚度＜60 um 的试片，2 mm 间距的多刃切割刀适用于涂膜厚度＜60～120 um 的试片，3 mm 间距的多刃切割刀是为特殊用途而设计的。

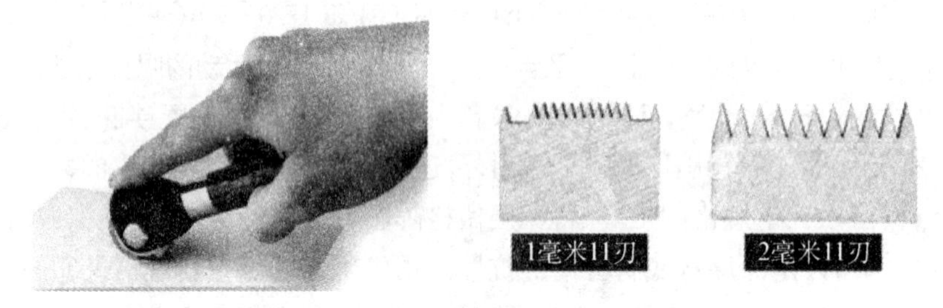

图 24－2 QFH 划格器刀刃及操作示意图

四、实验测定方法

（一）画圈法测定附着力

1. 按《漆膜一般制备法》(GB/T 1727－1992)在马口铁板上（或按产品标准规定的底材）制备样板 3 块，待涂膜实干后，于恒温恒湿的条件下测定。

2. 测前先检查附着力测定仪的针头，如不锐利应予更换（提起半截螺帽(7)，抽出试验台(6)，即可换针）。当发现划痕与标准回转半径不符时，应调整回转半径，其方法是松开卡针盘(3)后面的螺栓、回转半径调整螺栓(4)，适当移动卡针盘后，依次紧固上述螺栓，划痕与标准圆滚线图比较，如仍不符合重新调整回转半径，直至与标准回转半径 5.25 mm 的圆滚线相同为调整完毕。

3. 测定时，将样板正放试验台上(6)，拧紧固定样板调整螺栓(5)、(8)，调整螺栓(10)，向后移动升降棒(2)，使转针的尖端接触到涂膜，如划痕未露底板，应酌加砝码。按顺时针方向，均匀摆动摇柄(11)，转速以 80～100 转/分为宜，圆滚线划痕标准图长为 7.5±0.5 cm。向前移动升降棒(2)，使卡针盘提起，松开固定样板的有关螺栓(5)、(8)、(10)，取出样板，用漆刷除去划痕上的漆屑，以四倍放大镜检查划痕并评级。

4. 评级方法：以样板上划痕的上侧为检查的目标，依次标出 1、2、3、4、5、6、7 等七部位。相应分为 7 个等级。按顺序检查各部位的涂膜完整程度，如某一部位的格子有 70%以上完好，则定为该部位是完好的，否则应认为坏损。例如，部位 1 涂膜完好，附着力最佳，定为一级；部位 1 坏损而部位 2 完好，附着力次之，定为二级。依次类推，七级为最差。

标准划痕滚线如图 24－3 所示

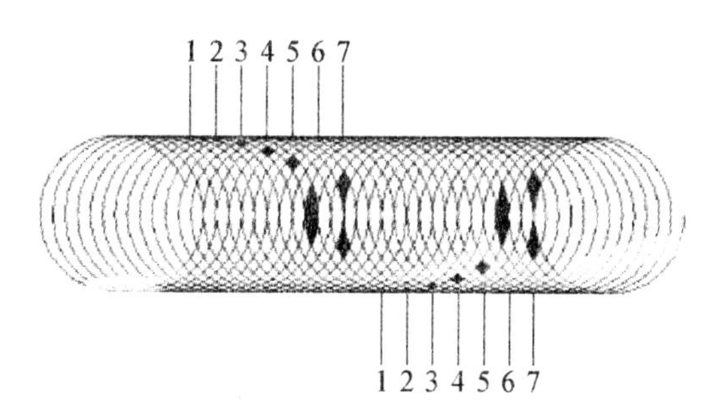

图 24－3　标准划痕圆滚线 1～7 评级顺序

结果以至少有两块样板的级别一致为准。

（二）划格法测定附着力

试样必须按 ISO 1514 及 ISO 2808 的规定制备。

1. 将试样放置在有足够硬度的平板上。
2. 手持划格器手柄，使多刃切割刀垂直于试样平面。
3. 以均匀的压力，平衡的不颤动的手法和 20～50 mm/S 的切割速度割划。
4. 将试样旋转 90°，在所割划的切口上重复以上操作，以使形成格阵图形。
5. 切割后，在试样上将出现 25 个或 100 个方格，用软毛刷沿方格的两对角线轻轻地刷掉刀屑。试验至少在试样的三个不同位置上完成，如果三个位置的试验结果不同，应在多于三个位置上重复试验，同时记录全部结果。

如需更换多刃切割刀，可用螺丝刀将刀体上两个螺丝旋松，换上所用的刀，把刀刃口部位贴向手柄一侧，将螺丝旋紧。

6. 划格结果评级：划格法测定涂层附着力的评定标准见下表。

划格法测定涂层附着力的评定标准（参见 GB/T 9286－88）

ISO 等级	ASTM 等级	测试结果（剥离面积）	脱落表现（以 6×6 切割为例）
0	5B	切口的边缘完全光滑，格子边缘没有任何剥落。即 0%，无脱落。	

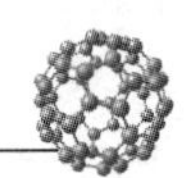

续表

ISO 等级	ASTM 等级	测试结果（剥离面积）	脱落表现（以 6×6 切割为例）
1	4B	在切口的相交处有小片剥落，划格区内实际破损≤5%	
2	3B	切口的边缘或相交处有被剥落，其面积大于 5%，但不到 15%。	
3	2B	沿切口边缘有部分剥落或整大片剥落，或部分格子被整片剥落。剥落的面积在 15%～35%之间	
4	1B	切口边缘大片剥落或者一些方格部分或全部剥落，其面积大于划格区的 35%～65%	
5	0B	在划线的边缘及交叉点处有成片的油漆脱落，且脱落总面积大于 65%。	

注意事项：

1. 所有切口应穿透涂层，但切入底材不得太深。

2. 如因涂层过厚和硬而不能穿透到底材，则该试验无效，但应在试验报告中说明。

3. 在特殊情况下或有特殊要求时须配合胶带法测定。胶带一般是 25 mm 宽的半透明胶带，背材为聚酯薄膜或醋酸纤维。将胶带贴在整个划格上，然后以最小角度撕下，结果可根据涂膜表面被胶落面积的比例来求得。

试验应在温度 23±2℃和相对湿度 50±5%中进行。

五、实验结果

实验数据与结果记入下列表中。

涂料名称	画圈法			结果
	Ⅰ	Ⅱ	Ⅲ	

涂料名称	划格法			结果
	Ⅰ	Ⅱ	Ⅲ	

六、实验思考题

1. 什么是涂膜的附着力？有几种测定方法？
2. 测定时，哪些步骤操作不当，会影响测定的结果？
3. 画圈法测涂膜附着力需改进的方面是哪些？
4. 画圈法和划格法测定涂膜附着力的优缺点？

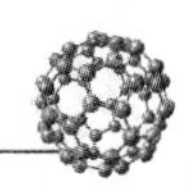

实验二十五　涂膜耐冲击性测定

一、实验目的

1. 了解涂膜冲击试验的意义和冲击试验器结构原理。
2. 熟练掌握冲击试验的测试方法及仪器调整。
3. 准确掌握评定实验结果。

二、实验原理

涂膜在实际应用中,往往由于各种原因不可避免地要与其他物体发生碰撞,因此,它作为保护性材料必备一定的冲击强度,因而成为其机械性能的重要检测项目之一。

冲击强度是指涂膜受到机械冲击时,涂膜不发生破损或起皱的承受强度,是以重锤的重量与落在涂漆金属样板上,而不引起涂膜破坏的最大高度的乘积(公斤・厘米)表示,也是间接表示涂膜附着力的方法之一。其工作结构原理:由控制器螺钉将重锤定在所要求的高度上,其高度由定位标上可读出,按压控制器螺钉则控制器弹簧被压缩,这时控制器滑块的圆孔与控制器上盖及控制器下底的圆孔对正挂钩,使所联结的重锤落下,撞击冲杆,冲杆向下作用在事先放在枕垫块上的是样板上,之后提升重锤体,取出试验过的样板以观察样板上漆膜试验情况。

测定涂膜耐冲击性的目的是考核在高速的负荷作用下,被测涂膜的弹性与底板的附着力。因为涂膜在实际应用中,往往因各种原因不可避免要同物体发生撞击,这时涂膜如果不耐冲击的话,就很容易从被涂物体上脱落下来,起不到应有保护和装饰作用。这项指标,对于车辆及机械用漆的质量鉴定,有重要意义。

涂膜的耐冲击性又与其他各项机械性能有着紧密的关联性,如涂膜耐冲击性的好坏与涂料中颜料和基料的比例有一定的关系,一般认为树脂比例少了,冲击性能提高,同时硬度指标有可能降低,当然对其他产品指标也有一定的影响。不同的板材由于弹性膨胀的差异会引起耐冲击性能的变化,即使是相同的板材,经受程度不同的表面打磨处理，对涂膜耐冲击测定结果影响很大，打磨的越彻底，涂膜与板材结合得越牢固，涂膜耐冲击值比板材不处理或者处理得不彻底的样板冲击值高。

三、实验仪器设备和材料

马口铁板：50 mm×120 mm×0.3 mm；薄钢板：65 mm×150 mm×0.45～0.55 mm；4 倍放大镜；磁性测厚仪(供测腻子耐冲击性用)；

冲击试验器：冲击试验器如图 25-1 所示。

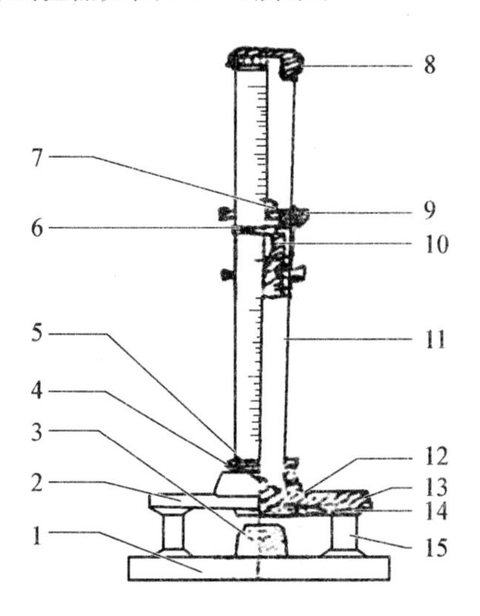

图 25-1　QCJ 型涂膜冲击器剖面示意图

1—底座；2—管座；3—枕垫块；4—冲杆；5—锁紧螺栓；6—定位标；7—挂钩；8—管盖；9—控制器组；10—重锤；11—带刻度管身；12—冲击垫块；13—螺钉；14—冲击块紧母；15—支柱。

冲击试验器各部件的规格：

(a) 滑筒上的刻度应等于 50±0.1cm，分度为 1cm；

(b) 重锤质量为 1000±1 g，应能在滑筒中自由移动；

(c) 冲头上的钢球，应符合 GB 3088lV 的要求，冲击中心与铁砧凹槽中心对准，冲头进入凹槽的深度为 2±0.1 mm；

(d) 铁砧凹槽应光滑平整，其直径为 15±0.3 mm，凹槽边缘曲率半径为 2.5～3.0 mm。

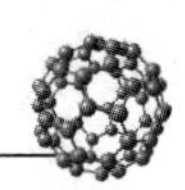

四、实验测定方法

1. 冲击试验器的校正：把滑筒旋下来，将 3 mm 厚的金属环套在冲头上端，在铁砧表面上平放一块 1±0.5 mm 厚的金属片，用一底部平滑的物体从冲头的上部接下去，调整压紧螺帽使冲头的上端与金属环相平，而下端钢球与金属片刚好接触，则冲头进入铁砧凹槽的深度为 2±0.1mm。

钢球表面必须光洁平滑，如发现有不光洁现象时，应更换钢球。

校正冲击试验器用的金属环和金属片：

金属环：外径 30 mm，内径 10 mm，厚 3±0.05 mm。

金属片：30 mm×50 mm，厚 1±0.05 mm

2. 按 GB/T 1727 的规定制备涂膜，并将试样在温度 23±2℃和相对湿度 50%±5%环境条件下至少调节 16 小时。

3. 用磁性测厚仪测定试样涂膜的厚度。

4. 将涂漆试样的涂膜朝上平放在铁砧上，试样受冲击部分距边缘不少于 15 mm，每个冲击点的边缘相距不得少于 15 mm。重锤借控制装置固定在滑筒的某一高度(其高度由实验所用的涂料标准高度规定而确定)，按压控制钮，重锤即自由落于冲头上。提起重锤，取出试样。

同一试样进行三次冲击试验。

5. 将涂漆试样的涂膜朝下平放在铁砧上，重复④步骤进行反冲击试验。

注意：a. 试验应在温度 23±2℃，相对湿度 50%±5%的条件下进行。

b. 试样一定要紧贴在铁砧表面，避免冲击时试样产生跳动，影响测试结果。

五、实验结果评定

用 4 倍放大镜观察试样表面，涂膜应无裂纹，皱纹及剥落等不良现象，即为合格。

序号	涂料名称及型号	重锤落于试板上的高度	结果评定					
			正冲击			反冲击		

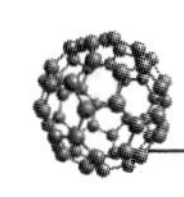

六、实验思考题

1. 测定涂膜耐冲击性能的目的是什么？其意义何在？

2. 为什么说试样表面打磨处理好坏，对涂膜的冲击性能有很大影响？

3. 测定时，可进行涂膜朝上的正冲击或涂膜朝下的反冲击，在相同的高度情况下，哪一种方法要严格一些？

4. 影响涂膜耐冲击性能的因素有哪些？

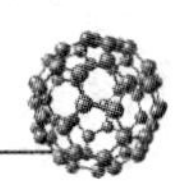

实验二十六 涂膜光泽性的测定

一、实验目的

1. 了解测试涂膜光泽度的意义。
2. 理解涂膜光泽度测量方法及测量数据含义。
3. 熟练掌握 KGZ－1A 型镜向光泽度仪的操作要领。

二、实验原理

光泽是物体表面的一种特征。当物体表面受光的照射时，由于表面光滑程度的不同，光朝一定方向的反光能力就不同，我们称光线朝一定方向反射的性能为光泽。光泽计就是测量物体朝一定方向的反光能力特征的仪器。

涂膜的光泽是衡量涂料外观性能的一个主要指标。光泽不仅能给涂膜增添美丽的外观，起到对被涂物体表面的良好的装饰作用。同时对被涂物体具有一定的保护作用，这是由于光泽较强的涂膜对大气的抵抗作用比光泽较差的同种涂料制成的涂膜，具有较好的保护作用。因为涂料保护作用的降低，最初是从光泽的降低开始进行的。实际上，我们对涂料的选择也是为了达到不同的目的，要求涂料具有不同的光泽，分为有光、半光和无光三种涂料（光泽涂料指光泽在 40 光泽单位以上，半光泽涂料指光泽在 20～24 光泽单位之间的，无光泽涂料在 10 光泽单位以下）。

GB/T 1743－79(89)国家标准适用于涂膜光泽的测定，采用固定角度的光电光泽计，结果以从涂膜表面的正反射光量与在同一条件下从标准板表面来的正反射光量之比，用百分数表示。主要用于涂膜、油漆、涂料、油墨、塑料、纸张、瓷砖、搪瓷、石材、金属、电镀层等制品光泽度的测量。

影响涂膜光泽的因素有：① 涂料中颜料的粒度及在基料中的分散度；② 在涂料中颜基比；③ 颜料的吸油量（在颜基比一定时）；④ 各色颜料对光吸收和反射程度不同而引起的误差；⑤ 涂料中选用的各种溶剂对光泽的影响；⑥ 光的入射角对光泽的影响；⑦ 标准板的准确度。各种因素不同程度上对光泽度的测定产生一定的影响，在实验中应尽可能地避免或消除干扰、提高测定的准确度。

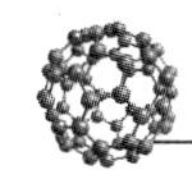

关于清漆光泽的测定,国家标准另有说明,测定时需将清漆涂在预先涂有同类型的黑色无光漆的底板上,测定用清漆罩去后的黑色无光漆试板的光泽即为所测清漆的光泽。如测定 A 01－1氨基清烘漆的光泽时,就必须将 A 01－1氨基清烘漆罩在已实干的 A 05－9黑色氨基烘漆上,测定用 A 01－1氨基清烘漆罩光后的 A 05－9黑色氨基烘漆的光泽,即为 A 01－1氨基清烘漆的光泽。

三、实验仪器与材料

KGZ－1A 型镜向光泽度仪

技术指标:(1) 测量范围:0～199. 9 光泽单位

(2) 仪器精度:1 光泽单位

(3) 仪器的重复性:不大于 0. 5 光泽单位

(4) 仪器的稳定性:不大于 0. 5 光泽单位/每小时

(5) 仪器的功耗:15 W

(6) 电源:220 V(±30 V); 50 Hz

玻璃板(JG40):90×20×2～3 mm

实验用涂料

四、实验测定方法

1. 按《漆膜一般制备法》在玻璃板上制备涂膜。清漆需涂在预先涂有同类型的黑色无光漆的底板上。

2. 测定时,将测量头插头插入主机后板的插座上,接通电源,打开仪器电源开关,预热 10 分钟。

3. 定标:将黑玻璃板放在测量头工作面的开口上,标准板的中心部位与开口的中心部位对正。调正定标旋钮,使显示器的读数达到标准板的标称值。

4. 校准:将陶瓷标准板放在测量头工作面的开口上,定好位。显示器的读数与陶瓷标准板的标称值相差不应超过一光泽单位。

若超过一光泽单位,说明仪器工作不正常,应清洗标准板。如仍无改进,须对标准板进行鉴定或调整仪器(此项工作应由计量部门进行)。

注:ISO－2767,45°测量头不进行陶瓷板的校准。

5. 测量:将被测样品放在测量头工作面的开口上,显示器读数即为样品的光泽度值。

6. 结果评定:在样板的五个不同位置进行测量。读数准确至 1%。各测量点读数与平均值之差,不大于平均值的 5%,结果取其平均值。

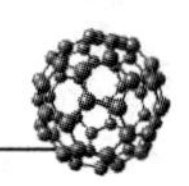

一般每测定五块样板后，用标准板校对一次，标准板需用擦镜纸或绒布擦，以免损伤镜面。

五、实验数据记录

实验温度：　　℃　　实验湿度：　　　　入射角：

试样	厚度	测量值					平均值
		1	2	3	4	5	

六、实验思考题

1. 测定涂膜光泽度的意义何在？
2. 涂料中的颜料的粒度及在基料中的分散度对光泽有何影响？
3. 测定时，光的入射角不同，对光泽有否影响？

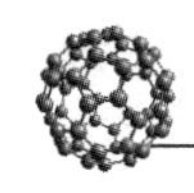

实验二十七　涂膜硬度的测定

一、实验目的

1. 理解涂膜硬度测定的意义。
2. 了解摆杆式涂膜阻尼试验仪结构原理和高级绘图铅笔性能。
3. 掌握仪器测定操作步骤及计算方法。
4. 掌握涂膜铅笔硬度测试的操作要领及评定方法。

二、实验原理

1. 定义及意义

涂膜硬度是表示涂膜机械强度的重要性能之一。其物理意义可理解为涂膜表面对作用其上面的另一强度较大的物体所表现的阻力，即在较小的涂膜接触面上测定涂膜抵抗变形的张力。因此，涂膜硬度是检验涂料产品的重要项目之一，是衡量涂料产品质量好坏不可缺少的一项指标，在涂料产品的应用中，往往为了不同的用途，要求对涂料品种的硬度做各种不同的规定，采用各种不同类型的硬度计可以测出涂膜的硬度，以实现对涂膜硬度的控制。

实际上涂膜硬度的测定是各种性质的综合结果，不仅与底材性质和涂膜厚度有关，也与环境的温度湿度及涂层本身的弹性和黏弹性有关，测定的结果是一个比较值。其值大小在某种程度上对耐磨性、抗污性、易洗性和抗冲击性等有影响。

2. 涂膜硬度的测量方法

目前对涂膜硬度的测量方法大致有：摆杆硬度测定法、斯华特硬度测定法、克里曼硬度测定法、铅笔硬度测定法。本实验主要介绍摆杆硬度测定法和铅笔硬度测定法。

(1) 摆杆硬度测定法(测量标准 GB/T 1730－2007)

摆杆硬度计，又分单摆和双摆两种结构，目前国内多采用双摆结构。两种仪器测定方法和原理是一样的，即表面越软，接触点表面摆杆的摆幅衰减越快，但

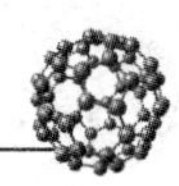

在尺寸、摆动的周期及摆幅方面各不相同，因此在给定系列的阻尼时间测量中，只许使用一种类型的摆杆仪器。在性能上，各有优点和缺点，如双摆为开口式且摆杆细软，在摆动时会产生前后摆晃现象，影响摆动结果，从而影响了测试的准确性，但是摆动周期长，结果比单摆准确。

双摆法的测试原理是以一固定质量的双摆，通过摆杆的横杆下面嵌入的两个钢珠接触涂膜表面，当摆杆在规定的摆动角范围内以一定周期摆动时，摆杆的质量通过钢珠与涂膜的接触点，对涂膜产生压迫，从而使涂膜产生抗力。根据摆杆、摆幅衰减的阻尼时间，与在玻璃板上于同样摆动角范围内摆幅衰减的阻尼时间之比值即为该涂膜的硬度。如图 27－1 所示。

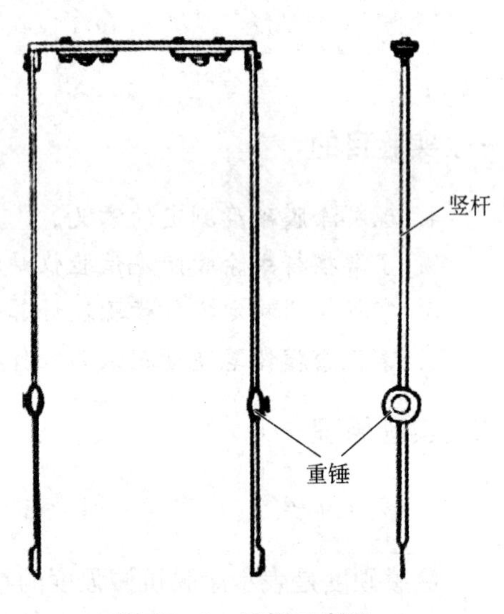

图 27－1 双摆示意图

(2) 铅笔硬度测定法

以铅笔对涂膜的划痕来表示涂膜的硬度。铅笔是由一组中华牌高级绘图铅笔组成(6H、5H、4H、3H、2H、H、HB、B、2B、3B、4B、5B、6B)，其中 6H 最硬，6B 最软。操作可用手工方法或仪器试验方法，但作为仲裁试验要用仪器试验方法。

三、实验仪器与材料

1. QBY 型摆杆式漆膜硬度计(如图 27－2 所示)

各部件规格：摆杆与连接片相连，连接片镶有两个钢球作为支点，摆杆与零件共重 120±1 克，摆杆上端至下端的长度是 500±1 mm。钢球的规格应符合滚球标准要求，刻度尺有分度，零点位于刻度尺中部，为了减少振动，应将仪器安装在玻璃框中，并放在固定的实验台上。

秒表(分度值 0.1 秒)；玻璃板：90 mm×120 mm×1.2～2.0 mm。

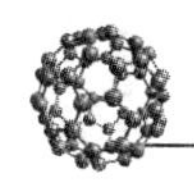

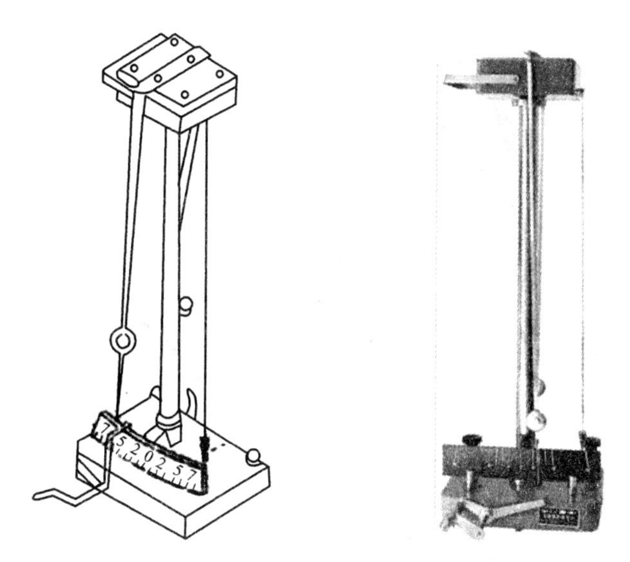

图 27 - 2　QBY 型摆杆式漆膜硬度计示意图

2. QHQ 铅笔划痕硬度仪(如图 27 - 3 所示)

一组中华牌高级绘图铅笔 6H、5H、4H、3H、2H、H、HB、B、2B、3B、4B、5B、6B，其 6H 最硬，6B 最软。削笔刀、400 号砂纸、薄钢板：150 mm×70 mm×1 mm

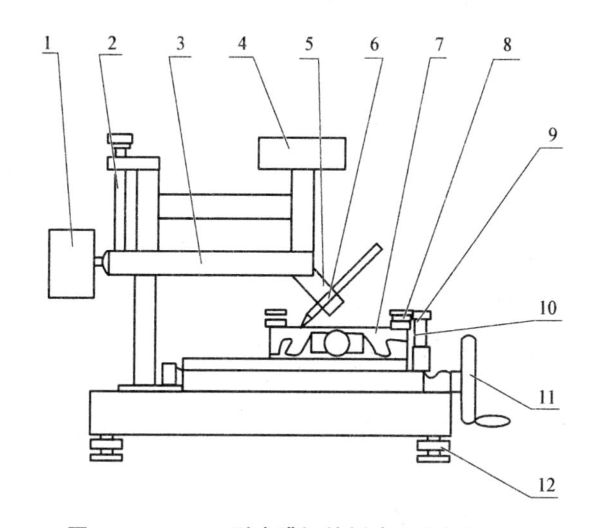

图 27 - 3　QHQ 型涂膜铅笔划痕硬度仪平面图

1—平衡锤；2—止动螺钉；3—工作杆；4—砝码；5—铅笔架；6—螺钉；7—试验台；8—夹紧螺钉；9—闸瓦提扭；10—试台旋扭；11—手轮；12—调整手轮。

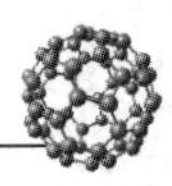

图 27-4 QHQ 型涂膜铅笔划痕硬度仪实物图

四、实验测定步骤

1. 摆杆硬度测定

(1) 摆杆式涂膜硬度计的校正:摆杆式涂膜硬度计每次用前应校正,测定其玻璃值,即测定在未涂漆的玻璃(玻璃标值为 440±6 s)上摆杆从 5°摆动衰减至 2°的时间。摆条在标准玻璃上摆动的时间为 440±6 s,次数为 352±4 次,若不在此时间或次数内应调整摆上的微调锤,使其达到上述标准值。

① 试验前,玻璃板及支点钢球应仔细用乙醚或汽油擦拭干净;

② 使用玻璃值测定法来校正摆式硬度计,使其值为 440±6 s;

③ 按产品标准规定,在玻璃板上制备试样;

④ 将准备的样板放在仪器的工作台上,涂膜朝上。把摆杆的支点钢球放置涂膜表面上,移动零点框使摆杆正指在 0 点上;

⑤ 将摆杆引到刻度线 5.5°处,然后放开使其自由摆动。当最大振幅摆到 5°时,开动秒表,并在最大振幅摆到 2°时,停止秒表。

(2) 涂膜硬度测定:

① 按照《一般涂膜制备法》中浸涂法制膜。并将干燥试板放在 23±2 ℃,相对温度(50±5)%条件下至少放置 16 h。用杠杆千分尺测定涂膜的厚度。

② 将被测试板涂膜朝上,放置在水平工作台上,然后使摆杆慢慢降落到试板上,摆杆支点距涂膜边缘应不少于 20 mm,在支轴没有横向位移的情况下,将摆杆偏转,停在 5.5°处,松开摆杆,当摆到 5°时,开动秒表,记录摆幅由 5°到 2°的时间,以秒计。

③ 可在同一块试板的三个不同位置上进行测量，记录每次测量的结果。

④ 测定结果与计算：

$$X = \frac{t}{t_0}$$

式中　X——涂膜硬度；

t——摆杆在涂膜上从 5°～2°的摆动时间，秒；

t_0——摆杆在玻璃板上从 5°～2°的摆动时间，秒；

涂膜硬度应用同一块试板上两次测量值的平均值表示，两次测量值之差应不大于平均值的 5%。

注意：由于摆的测定结果反映了涂膜阻尼时间对测定时环境的敏感性，试验应在控制温、湿度的条件下，处于无气流影响的情况下进行，而涂膜厚度及底材材质也能影响阻尼时间。

2. 铅笔硬度测定

（1）试样制备：按照《涂膜一般制备法》制备试样三块，试板处理：玻璃板同摆杆测定法；薄钢板则要除油，打磨、涂刷、烘干等步骤。

（2）工具准备：用削笔刀将铅笔削到露出柱形笔芯 5～6 mm（切不可松动或削伤铅芯），握住铅笔使其与 400 号砂纸面成 90°，在砂纸上不画圈，以摩擦铅芯端面，直至获得端面平整、边缘锐利的笔端为止（边缘不得有破碎或缺口）。铅笔每使用一次后要旋转 180°再用，或重磨再用。

（3）测试

① 把涂漆件（即试板）置于试验仪的试件台上，涂漆面朝上，把通过试验仪砝码重心的垂线调节到通过铅笔端与涂面的交点，把已削好的铅笔装入铅笔夹，使其与涂面成 45°角，用平衡砝码把铅笔上的负荷调到使铅笔刚好接触试板，拧紧止动螺钉，使铅笔端离开涂面。

② 在砝码台上加 1±0.05 kg 的砝码，松开止动螺钉，以使铅笔端与涂面接触。

③ 摇动试台的移动摇臂，使试件与铅笔端反向移动 3 mm，移动速度约 0.5 mm/s。然后拧紧止动螺钉，转动铅笔 180°（保证笔端面无损伤）并变换试样位置，依次犁出五道痕。

④ 用此方法，从最硬的铅笔开始测试，并相继换上低一级的铅笔，直至找出五道痕中只有一次犁伤涂膜的铅笔，以其下一级铅笔代表所测涂膜的铅笔硬度。如未犁伤涂膜，则以此级的铅笔代表所测涂膜的铅笔硬度。

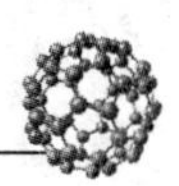

一般仲裁试验要在温度为 23±2℃，相对湿度 50±5%的标准条件下进行。

五、实验数据与结果评定

1. 摆杆硬度

实验温度：　　　℃　　　　　实验湿度：

涂膜名称	底材	玻璃值(秒)			测定值(秒)			硬度值
		1	2	3	1	2	3	

2. 铅笔硬度

涂膜名称	底材	测试记录					硬度等级评定
		1	2	3	4	5	

六、实验思考题

1. 涂膜硬度测定法有哪些？常用有哪两种？
2. 摆杆法与铅笔法的评级方法相同吗？
3. 铅笔法测定时，要注意哪些事项，以便得到准确的结果？